U0107428

华罗庚在剑桥大学（1936）

华罗庚（后排左二）在回国的轮船上（1950）

华罗庚在大庆与石油工人在一起（1972）

1979 年 5 月，华罗庚被批准加入中国共产党，
这是他第一次参加支部大会受到党员热烈欢迎的情景

华罗庚和数学所的研究人员
在清华园数学所门前漫谈数学问题（1953）

华罗庚给中国科技大学 58 级学生讲课（1958）

大师相聚（从左至右依次为华罗庚、老舍、梁思成、梅兰芳）（1954）

华罗庚再访普林斯顿大学（1980）

1 法国南锡大学（现洛林大学）授予华罗庚荣誉博士称号（1979）

2 华罗庚在美国科学院院士大会上签名（1983）

3 华罗庚最后留影（1985）

华罗庚在扇面上做数学计算

华罗庚在英国伯明翰访问

虽然年事已高，华罗庚仍孜孜不倦地进行数学研究

晚年的华罗庚

华罗庚

华罗庚于20世纪50年代给青年学生的报告手稿

华罗庚诗稿《破阵子》

破阵子

呼伦贝尔骏马，
珠穆朗玛雄鹰，
驰骋草原千万里，
翱翔太空志凌云，
一心为人民。

壮士临阵决死，
哪管些许伤痕，
向千年老魔作战，
为百代新风斗争，
慷慨掷此身。

1976年元旦哈尔滨
病榻上寄[illegible]
中的一阕.

SCIENCE & HUMANITIES

创造自主的数学研究

数学家思想文库

丛书主编　李文林

华罗庚／著
李文林／编订

Innovating Independently in Mathematics

大连理工大学出版社
Dalian University of Technology Press

图书在版编目(CIP)数据

创造自主的数学研究 / 华罗庚著 ；李文林编订. --
大连 ：大连理工大学出版社，2023.1
（数学家思想文库 / 李文林主编）
ISBN 978-7-5685-3987-6

Ⅰ. ①创… Ⅱ. ①华… ②李… Ⅲ. ①数学－研究
Ⅳ. ①O1-0

中国版本图书馆 CIP 数据核字(2022)第 217970 号

CHUANGZAO ZIZHU DE SHUXUE YANJIU

大连理工大学出版社出版
地址:大连市软件园路 80 号 邮政编码:116023
发行:0411-84708842 邮购:0411-84708943 传真:0411-84701466
E-mail:dutp@dutp.cn URL:https://www.dutp.cn
辽宁新华印务有限公司印刷 大连理工大学出版社发行

幅面尺寸:147mm×210mm 插页:4 印张:8.875 字数:176 千字
2023 年 1 月第 1 版 2023 年 1 月第 1 次印刷

责任编辑:王 伟 责任校对:周 欢
封面设计:冀贵收

ISBN 978-7-5685-3987-6 定 价:69.00 元

合辑前言

“数学家思想文库”第一辑出版于2009年，2021年完成第二辑。现在出版社决定将一、二辑合璧精装推出，十位富有代表性的现代数学家汇聚一堂，讲述数学的本质、数学的意义与价值，传授数学创新的方法与精神……大师心得，原汁原味。关于编辑出版“数学家思想文库”的宗旨与意义，笔者在第一、二辑总序“读读大师，走近数学”中已做了详细论说，这里不再复述。

当前，我们的国家正在向第二个百年奋斗目标奋进。在以创新驱动的中华民族伟大复兴中，传播普及科学文化，提高全民科学素质，具有重大战略意义。我们衷心希望，“数学家思想文库”合辑的出版，能够在传播数学文化、弘扬科学精神的现代化事业中继续放射光和热。

合辑除了进行必要的文字修订外，对每集都增配了相关数学家活动的图片，个别集还增加了可读性较强的附录，使严肃的数学文库增添了生动活泼的气息。

从第一辑初版到现在的合辑，经历了十余年的光阴。其间有编译者的辛勤付出，有出版社的锲而不舍，更有广大读者的支持斧正。面对着眼前即将面世的十册合辑清样，笔者与编辑共生欣慰与感慨，同时也觉得意犹未尽，我们将继续耕耘！

李文林

2022 年 11 月于北京中关村

读读大师　走近数学

——“数学家思想文库”总序

数学思想是数学家的灵魂

数学思想是数学家的灵魂。试想：离开公理化思想，何谈欧几里得、希尔伯特？没有数形结合思想，笛卡儿焉在？没有数学结构思想，怎论布尔巴基学派？……

数学家的数学思想当然首先体现在他们的创新性数学研究之中，包括他们提出的新概念、新理论、新方法。牛顿、莱布尼茨的微积分思想，高斯、波约、罗巴切夫斯基的非欧几何思想，伽罗华“群”的概念，哥德尔不完全性定理与图灵机，纳什均衡理论，等等，汇成了波澜壮阔的数学思想海洋，构成了人类思想史上不可磨灭的篇章。

数学家们的数学观也属于数学思想的范畴，这包括他们对数学的本质、特点、意义和价值的认识，对数学知识来源及其与人类其他知识领域的关系的看法，以及科学方法论方面的见解，等等。当然，在这些问题上，古往今来数学家们的意见是很不相同，有时甚至是对立的。但正是这些不同的声音，合成了理性思维的交响乐。

正如人们通过绘画或乐曲来认识和鉴赏画家或作曲家一样，数学家的数学思想无疑是人们了解数学家和评价数学家的主要依据，也是数学家贡献于人类和人们要向数学家求知的主要内容。在这个意义上我们可以说：

“数学家思，故数学家在。”

数学思想的社会意义

数学思想是不是只有数学家才需要具备呢？当然不是。数学是自然科学、技术科学与人文社会科学的基础，这一点已越来越成为当今社会的共识。数学的这种基础地位，首先是由于它作为科学的语言和工具而在人类几乎一切知识领域获得日益广泛的应用，但更重要的恐怕还在于数学对于人类社会的文化功能，即培养发展人的思维能力，特别是精密思维能力。一个人不管将来从事何种职业，思维能力都可以说是无形的资本，而数学恰恰是锻炼这种思维能力的“体操”。这正是为什么数学会成为每个受教育的人一生中需要学习时间最长的学科之一。这并不是说我们在学校中学习过的每一个具体的数学知识点都会在日后的生活与工作中派上用处，数学对一个人终身发展的影响主要在于思维方式。以欧几里得几何为例，我们在学校里学过的大多数几何定理日后大概很少直接有用甚或基本不用，但欧氏几何严格的演绎思想和推理方法却在造就各行各业的精英人才方面有着毋庸否定的意义。事实上，从牛顿的《自然哲学的数学原理》到爱因斯坦的相对论著作，从法国大革命的《人权宣言》到马克思的《资本论》，乃至现代诺贝尔经济学奖得主们的论著中，我们都不难看到欧几里得的身影。另一方面，数学的定量化思想更是以空前的广度与深度向人类几乎所有的知识领域渗透。数学，从严密的论证到精确的计算，为人类提供了精密思维的典范。

一个戏剧性的例子是在现代计算机设计中扮演关键角色的“程序内存”概念或“程序自动化”思想。我们知道，第一台电子计算机（ENIAC）在制成之初，由于计算速度的提高与人工编制程序的迟缓之间的尖锐矛盾而濒于夭折。在这一关键时刻，恰恰是数学家冯·诺依曼提出的“程序内存”概念拯救了人类这一伟大的技术发明。直到今天，计算机设计的基本原理仍然遵循着冯·诺依曼的主要思想。冯·诺依曼因此被尊为“计算机之父”（虽然现在知道他并不是历史上提出此种想法的唯一数学家）。像“程序内存”这样似乎并非“数学”的概念，却要等待数学家并且是冯·诺依曼这样的大数学家的头脑来创造，这难道不耐人寻味吗？

因此，我们可以说，数学家的数学思想是全社会的财富。数学的传播与普及，除了具体数学知识的传播与普及，更实质性的是数学思想的传播与普及。在科学技术日益数学化的今天，这已越来越成为一种社会需要了。试设想：如果越来越多的公民能够或多或少地运用数学的思维方式来思考和处理问题,那将会是怎样一幅社会进步的前景啊!

读读大师　走近数学

数学是数与形的艺术,数学家们的创造性思维是鲜活的,既不会墨守成规,也不可能作为被生搬硬套的教条。了解数学家的数学思想当然可以通过不同的途径,而阅读数学家特别是数学大师的原始著述大概是最直接、可靠和富有成效的做法。

数学家们的著述大体有两类。大量的当然是他们论述自己的数学理论与方法的专著。对于致力于真正原创性研究的数学工作者来说,那些数学大师的原创性著作无疑是最生动的教材。拉普拉斯就常常对年轻人说:"读读欧拉,读读欧拉,他是我们所有人的老师。"拉普拉斯这里所说的"所有人",恐怕主要是指专业的数学家和力学家,一般人很难问津。

数学家们另一类著述则面向更为广泛的读者,有的就是直接面向公众的。这些著述包括数学家们数学观的论说与阐释(用哈代的话说就是"关于数学"的论述),也包括对数学知识和他们自己的数学创造的通俗介绍。这类著述与"板起面孔讲数学"的专著不同,具有较大的可读性,易于为公众接受,其中不乏脍炙人口的名篇佳作。有意思的是,一些数学大师往往也是语言大师,如果把写作看作语言的艺术,他们的这些作品正体现了数学与艺术的统一。阅读这些名篇佳作，不啻是一种艺术享受，人们在享受之际认识数学，了解数学，接受数学思想的熏陶，感受数学文化的魅力。这正是我们编译出版这套“数学家思想文库”的目的所在。

“数学家思想文库”选择国外近现代数学史上一些著名数学家论述数学的代表性作品，专人专集，陆续编译，分辑出版，以飨读者。第一辑编译的是 D. 希尔伯特(D. Hilbert, 1862—1943)、G. 哈代(G. Hardy, 1877—1947)、J. 冯·诺依曼(J. von Neumann, 1903—1957)、布尔巴基(Bourbaki, 1935—　)、M. F. 阿蒂亚(M. F. Atiyah, 1929—2019)等 20 世纪数学大师的文集(其中哈代、布尔巴基与阿蒂亚的文集属再版)。第一辑出版后获得了广大读者的欢迎，多次重印。受此鼓舞，我们续编了“数学家思想文库”第二辑。第二辑选编了 F. 克莱因(F. Klein, 1849—1925)、H. 外尔(H. Weyl, 1885—1955)、A. N. 柯尔莫戈洛夫(A. N. Kolmogorov, 1903—1987)、华罗庚(1910—1985)、陈省身(1911—2004)等数学巨匠的著述。这些文集中的作品大都短小精练，魅力四射，充满科学的真知灼见，在国内外流传颇广。相对而言，这些作品可以说是数学思想海洋中的珍奇贝壳、数学百花园中的美丽花束。

我们并不奢望这样一些“贝壳”和“花束”能够扭转功利的时潮，但我们相信爱因斯坦在纪念牛顿时所说的话：

“理解力的产品要比喧嚷纷扰的世代经久，它能经历好多个世纪而继续发出光和热。”

我们衷心希望本套丛书所选编的数学大师们“理解力的产品”能够在传播数学思想、弘扬科学文化的现代化事业中放射光和热。

读读大师，走近数学，所有的人都会开卷受益。

李文林

（中科院数学与系统科学研究院研究员）

2021年7月于北京中关村

序

王　元

今年是华罗庚老师诞辰一百零五周年，也是他仙逝三十周年。在这个日子里，我们无限地怀念他。缅怀他对我们的爱护与教导。

华老师是一位伟大的数学家，他对数学做出过多方面的杰出贡献，这是众所周知的。J. W. 理查德(J. W. Richard)指出：

“他关于中学与大学数学教学及研究的工作，以及在工人与农民中普及数学的努力与他对纯粹数学的贡献具有同样的重要性。”

关于这方面我们的认识也许还不一致。另外，华老师是一位由初中毕业，自学成才而成为伟大数学家的人。国外文献上，曾将他与自学成才的印度伟大数学家 S. I. 拉玛努江(S. I. Ramanujan)相提并论[如 N. 温纳(N. Wiener)、P. 贝特曼(P. Bateman)]。由此可见，我们除了学习华老师的数学工作外，还应该着重学习他的治学与教学经验及创新精神，特别地，我们应该从他坎坷的人生中吸取教益。

文林教授编辑的“华罗庚文选”作为他关于著名数学家治学文选中的一册，他从华老师的科普文章中精选了二十二篇文章，包括以下几个方面：(1)关于学习数学的经验与方法；(2)爱国主义情怀；及(3)关于应用数学的科普著作。

除第三部分个别文章外，中学数学程度的干部与青年都是可以阅读的。

第三部分中的文章“有限与无穷，离散与连续”是华老师带领他的学生探索、学习与研究应用数学的过程、心得与成果的一个普及报告，需要有微积分与线性代数的基础才可以阅读，即需要用到大学一年级的数学知识。

本文集的一个亮点是第一次发表华老师的文章“创造自主的数学研究”，这是 1952 年华老师就任中国科学院数学所所长的就职演说，除提出数学所应以纯粹数学、应用数学、计算技术与数学三大块作为研究方向外(这个设想其实早在 20 世纪40 年代，他就曾向国民党政府当局提出过)，特别提出创新与人才培养的重要性与措施。这篇文章是文林在科技档案中找到的。

华老师这些文章的论点虽然历经了几十年，在今天看来不但不过时，而且有非常重要的参考价值。

文林在数学史研究方面卓有成就，他是我国近现代数学史研究的先驱及领军人物之一。我对数学史也很有兴趣，经常向他请教。他以自己的视角编辑了这本文集，无疑对研究华罗庚是很重要的。

我衷心感谢文林在他的编著中给了我一角，使我得以表达我对华老师的怀念。最后，我预祝文林的编著成功。

王　元

2014 年 10 月 12 日

前　言

华罗庚的名字在中国几乎是家喻户晓。已经编辑出版有数种华罗庚文集。我们现在选编的文集,题名《创造自主的数学研究》,取自华罗庚的一篇演讲辞——在中国科学院数学研究所宣告正式成立前夕的一份工作报告。在这篇报告中,华罗庚明确提出了"创造自主的数学研究"的战略目标。作为新中国数学的重要缔造者,华罗庚终其一生都在为中国自立于世界数学之林而奋斗,他在 1952 年就提出"创造自主的数学研究"这样的目标,正反映了他的崇高追求,也使我们不能不钦佩华老的高瞻远瞩!在这份事实上的就职报告中,华罗庚还就中国数学的过去与现状、新建数学所的研究方向、人才培养等问题提出了系统意见。这些意见,在强调自主创新的今天,读之仍有鲜明的现实意义。需要说明的是,华罗庚的这篇报告以前从未正式发表过,系在本书中首次公开面世。

全书的开篇是 1950 年华罗庚在从美国回国途中写给全体留美学生的一封信,这封充满家国情怀的信至今仍具有强烈的爱国主义感染力。

华罗庚是典型的自学成才的学者，他以初中文凭而成为世界级的数学家、多国科学院的院士，其成才道路对有志于攀登科学高峰的青年人是巨大的激励。本书以相当的篇幅选载了华老关于如何学习和研究数学的体会，“聪明在于学习，天才由于积累”“从薄到厚，从厚到薄”“弄斧必到班门”……这些脍炙人口的论述，是这位数学大师治学经验与智慧的结晶，已经并将继续引导无数青年学子走上科学创新之路。

华罗庚以其在解析数论、代数学、多复变函数论等基础数学领域的卓越贡献而蜚声国际数坛，但他对于数学科学持有全面的观点和见解，这在上述《创造自主的数学研究》报告中有充分体现。像本书收载的《大哉数学之为用》一文，也包含了他对数学理论与应用的关系的精辟论述，已成为人们谈论数学应用时广为引用的名篇。华罗庚同时是数学应用的伟大行者。他将数论方法应用于数值分析，获得的成果在国际上以“华-王方法”著称。他在工农大众中推广数学方法，足迹遍及全国大部分地区，蔚为中外数学史上罕见的数学普及与应用之大观。本书收载了《有限与无限，离散与连续》和《优选法平话及其补充》等著述，以反映华罗庚科学生涯中这方面的独特贡献。

本书还收载了华罗庚的其他一些著述，这里不一一评述。最后有必要提一下本书中另一篇首次公开发表的文章《革命数学家伽罗华》,这是写于 20 世纪 50 年代早期的一篇数学家传记作品,是从华罗庚先生家属捐赠给中国科学院数学与系统科学研究院的华老遗稿中发现的。它与上述以往同样不为人知的《创造自主的数学研究》一起,成为本书不同于既有华罗庚文选的特征。

编者要衷心感谢王元院士对本书编集工作的鼎力支持,感谢华罗庚先生家属捐赠华老遗稿,感谢大连理工大学出版社为本书的出版所做的努力,尤其是帮助整理并录入年久发黄、字迹难辨的华老手稿。

李文林

(中科院数学与系统科学研究院)

2018 年 7 月于北京中关村

目　录

致中国全体留美学生的公开信[①]

朋友们：

道别，我先诸位而回去了。我有千言万语，但愧无生花之笔来一一地表达出来。但我敢说，这信中充满着真挚的感情，一字一句都是由衷心吐出来的。

坦白地说，这信中所说的是我这一年来思想战斗的结果。讲到决心归国的理由，有些是独自冷静思索的果实，有些是和朋友们谈话和通信所得的结论。朋友们，如果你们有同样的苦闷，这封信可以做你们决策的参考；如果你们还没有这种感觉，也请细读一遍，由此可以知道这种苦闷的发生，不是偶然的。

让我先从大处说起。现在的世界很明显地分为两个营垒：一个是为大众谋福利的，另一个是专为少数的统治阶级打算利益的。前者是站在正义方面，有真理根据的；后者是充满着矛盾的。一面是与被压迫民族为朋友的，另一面是把

① 写于1950年2月归国途中。

所谓“文明”建筑在不幸者身上的。所以凡是世界上的公民都应当有所抉择：为人类的幸福，应当抉择在真理的、光明的一面，应当选择在为多数人利益的一面。

朋友们如果细细地想一想，我们身受过移民律的限制，肤色的歧视，哪一件不是替我们规定了一个圈子。当然，有些所谓“杰出”的个人，已经跳出了这圈子，已经得到特别“恩典”，“准许”“归化”了的，但如果扪心一想，我们的同胞们都在被人欺凌，被人歧视，如因个人的被“赏识”，便沾沾自喜，这是何种心肝！同时，很老实地说吧，现在他们正想利用这些“人杰”。

也许有人要说，他们的社会有“民主”和“自由”，这是我们所应当爱好的。但我说诸位，不要被“字面”迷惑了，当然被字面迷惑也不是从今日开始。

我们细细想想资本家握有一切的工具——无线电、报纸、杂志、电影，他们说一句话的力量当然不是我们一句话所可以比拟的；等于在人家锣鼓喧天的场合下，我们在古琴独奏。固然我们都有“自由”，但我敢断言，在手酸弦断之下，人家再也不会听到你古琴的妙音。在经济不平等的情况下，谈“民主”是自欺欺人；谈“自由”是自找枷锁。人类的真自由、真民主，仅可能在真平等中得之；没有平等的社会的所谓“自由”、“民主”，它们仅仅是统治阶级的工具。

我们再来细心分析一下：我们怎样出国的？也许以为当然靠了自己的聪明和努力，才能考试获选出国的，靠了自己的本领和技能，才可能在这儿立足的。因之，也许可以得到一结论：我们在这儿的享受，是我们自己的本领；我们这儿的地位，是我们自己的努力。但据我看来，这是并不尽然的，何以故？谁给我们的特殊学习机会，而使得我们大学毕业？谁给我们所必需的外汇，因之可以出国学习？还不是我们胼手胝足的同胞吗？还不是我们千辛万苦的父母吗？受了同胞们的血汗栽培，成为人才之后，不为他们服务，这如何可以谓之公平？如何可以谓之合理？朋友们，我们不能过河拆桥，我们应当认清：我们既然得到了优越的权利，我们就应当尽我们应尽的义务，尤其是聪明能干的朋友们，我们应当负担起中华人民共和国空前巨大的人民的任务！

现在再让我们看看新生的祖国，怎样在伟大胜利基础上继续迈进！今年元旦新华社的《新年献词》告诉我们说：

一九四九年，是中国人民解放战争获得伟大胜利和中华人民共和国宣告诞生的一年。这一年，我们击破了中外反动派的和平攻势，扫清了中国大陆上的国民党匪帮……，解放了全国百分之九十以上的人口，赢得了战争的基本胜利。这一年，全国民主力量的代表人物举行了人民政治协商会议，通过了国家根本大法共同纲领，成立了中央人民政府。这个政府不但受到全国人民的普遍拥护，而且受到了全世界反帝国主义阵营的普遍欢迎。苏联和各人民民主国家都迅速和我国建立了平等友好的邦交。这一年，我们解放了和管理了全国的大城市和广大乡村，在这些地方迅速地建立了初步的革命秩序，镇压了反革命活动，并初步地发动和组织了劳动群众。在许多城市中已经召集了各界人民代表会议。在许多乡村中，已经肃清了土匪，推行了合理负担政策，展开了减租减息和反恶霸运动。这一年，我们克服了敌人的破坏封锁和严重的旱灾、水灾所加给我们的困难。在财政收支不平衡的条件下，尽可能地进行了恢复生产和交通的工作，并已得到了相当成绩……

中国是在迅速地进步着，一九四九年的胜利，比一年前人们所预料的要大得多，快得多。在一九五〇年，我们有了比一九四九年好得多的条件，因此我们所将要得到的成绩，也会比我们现在所预料的更大些、更快些。当武装的敌人在全中国的土地上被肃清以后，当全中国人民的觉悟性和组织性普遍地提高起来以后，我们的国家就将逐步地脱离长期战争所造成的严重困难，并逐步走上幸福的境地了。

朋友们！“梁园虽好，非久居之乡”，归去来兮！

但也许有朋友说：“我年纪还轻，不妨在此稍待。”但我说：“这也不必。”朋友们，我们都在有为之年，如果我们迟早要回去，何不早回去，把我们的精力都用之于有用之所呢？

总之，为了抉择真理，我们应当回去；为了国家民族，我们应当回去；为了为人民服务，我们也应当回去；就是为了个人出路，也应当早日回去，建立我们工作的基础，为我们伟大祖国的建设和发展而奋斗！

朋友们！语重心长，今年在我们首都北京见面吧！

数学是我国人民所擅长的学科[①]

从前帝国主义者不但在经济上剥削我们，在政治上奴役我们，使我国变成半殖民地半封建的国家；同时，又从文化上——透过他们所办的教会、学校、医院和所谓慈善机构——来打击我们民族的自尊和自信。政治侵略是看得见的，是要流血的；经济侵略是觉得着的，有切肤之痛的。唯有文化侵略，开始是甜蜜蜜的外衣，结果使你忘却了自己的祖先而认贼作父。这种侵略伎俩的妙处在不知不觉之中，有意无意之间，潜移默化地使得我们自认为事事落后，凡事不如人。无疑地，这种毒素将使我们忘魂失魄，失却斗志，因而陷入万劫不复的境地。

实际上我们祖国伟大人民在人类史上，有过无比的睿智的成就，即以若干妄自菲薄的人认为“非我所长”的科学而论，也不如他们所设想的那么空虚，那么贫乏。如果详细地一一列举，当非一篇短文所能尽，也不在笔者的知识范围之

① 原载于1951年2月10日《人民日报》。

内。现在仅就我所略知的数学，提出若干例证。请读者用客观的态度，公正的立场，自己判断，自己分析，看看我们是否如帝国主义者所说的“劣等民族”，是否如若干有自卑感的或中毒已深的人所说的“科学乃我之所短”。

在未进入讨论之前，我得先声明一下，我不是中国数学史家，我的学识也不容许我做深刻的研讨。本文的目的仅在向国人提示：数学乃我之擅长。至于发明时间的肯定，举例是否依照全面性的范畴，都未顾及。同时我也并非夸耀我民族的优点，而认为高人一筹的。我个人认为优越感和自卑感同是偏差。只有帝国主义者才区别人种的优劣，而作为人剥削人、人压迫人的理论基础。有发见的，发见得早的，固然是光荣；但没有早日发明的民族，并不足以证明他们的低劣。因为文化是经济及政治的反映。所以如果拿发明的迟早来衡量民族的智慧，那也是不公平的偏颇之论。

一、勾股各自乘，并之为弦实，开方除之，即弦也

有人异想天开地提出：如果其他星球上也有高度智慧的生物，而我们要和他们通消息，用什么方法可以使他们了解？很明显的，文字和语言都不是有效的工具。就是图画也失却效用，因为那儿的生物形象也许和我们不同，我们的“人形”，也许是他们那儿的“怪状”。同时习俗也许不同，我们的“举手礼”也许是他们那儿的“开打姿势”。因此有人建议，把本

页的数学图形用来做媒介。以上所说当然是一笑话，不过这说明了这图形是一普遍真理的反映。而这图形正是我们先民所创造的，见诸记载的就有二千年以上的历史了！当然这也是劳动人民的产物，用来定直角、算面积、测高深的。其创造当远在记录于书籍之前。我们古书所载还不仅此一特例，还更进一步地有:“勾股各自乘，并之为弦实，开方除之，即弦也。”换成近代语:“直角三角形夹直角两边的长的平方和，等于对直角的边长的平方。”(图 1)这就是西洋所羡称的毕达哥拉氏定理，而我国对这定理的叙述，却较毕氏为早。

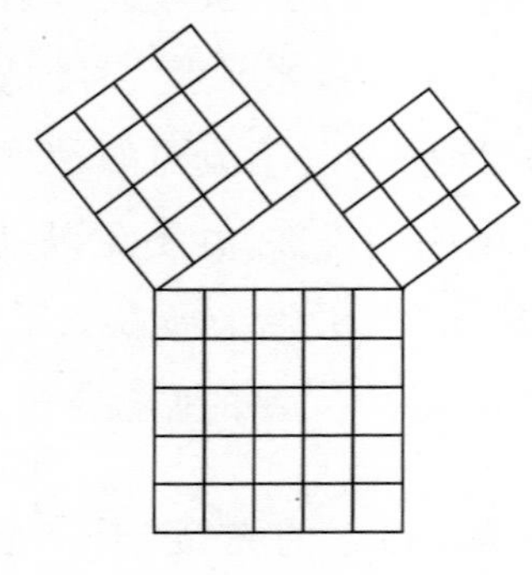

图 1

二、圆周率

谈到圆周率，我们也有光荣的历史，径一周三的记载是极古的。魏晋刘徽的割圆术(约在 263 年)，不但奠定了计算圆周率的基础，同时也阐明了积分学上算长度、算面积的基础。他用折线逐步地来接近曲线，用多边形来逐渐地接近曲线所包围的图形。他由圆内接六边形、十二边形、二十四边形等，逐步平分圆，来计算圆周率。他算出的圆周率是3.141 6。南朝祖冲之(429—500)算得更精密，并且预示着渐近值论的萌芽，例如他证明圆周率在3.141 592 6与3.141 592 7之间。并且用$\frac{22}{7}$及$\frac{355}{113}$做疏率和密率。在近代渐近分数的研讨之下，这两个分数，正是现代所说的“最佳渐近分数”的前二项(下一项异常繁复)。祖冲之的密率较德国人奥托早了一千多年(奥托的记录是1573年)。

三、大衍求一术

“大衍求一术”，又名“物不数”、“鬼谷算”、“隔墙算”、“秦王暗点兵”、“物不知总”、“剪管术”、“韩信点兵”等，欧美学者称为“中国剩余定理”。

问题叙述：“今有物不知其数，三三数之剩二，五五数之剩三，七七数之剩二，问物几何?”

算法歌诀：“三人同行七十稀，五树梅花廿一枝，七子团圆正月半，除百零五便得知。”

算法：以三三数之的余数乘七十，五五数之的余数乘二十一，七七数之的余数乘十五，总加之，减去一百零五的倍数即得所求。例如，前设之题：二乘七十，加三乘二十一，再加二乘十五，总数是二百三十三，减去二百一十，得二十三。

这问题不但在历史上有着崇高的地位，就是到了今天，如果和外国的数论书籍上的方法相比较，不难发现，我们的方法还是有它的优越性。它是多么的具体！简单！且容易算出结果来！

这方法肇源于《孙子算经》(汉时书籍)，较希腊丢番都氏为早；光大于秦九韶之《数书九章》(1247 年)，较欧洲大师欧拉(Euler；1707—1783)、拉格朗日(Lagrange；1736—1813)、高斯(Gauss；1777—1855)约早五百年。同时秦九韶也发明了欧几里得算法。

四、杨辉开方作法本源

这种三角形(图 2)之构造法则，两腰都是一。其中每数为其两肩二数之和。此三角形是二项式定理的基本算法。这就是西方学者所称的巴斯噶(Pascal，1654 年)三角形。但根据西洋数学史家考证，最先发明者是阿批阿奴斯(Apianus)，时在 1527 年。而我国的杨辉(1261 年)、朱世杰(1303 年)及吴信民(1450 年)都在阿氏之前，早发现了二百余年。

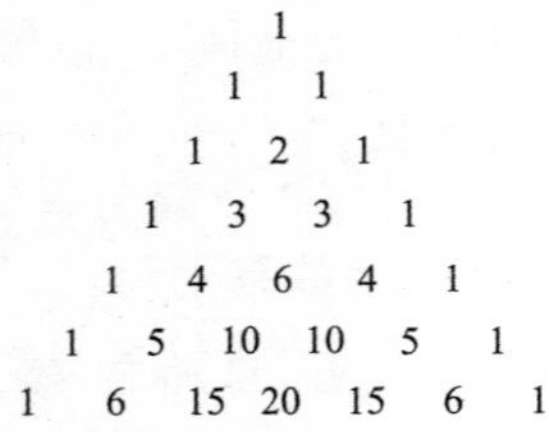

图 2

五、秦九韶的方程论

大代数上的和涅(Horner)氏法是解数值方程式的基本方法。是和涅氏在1819年所发明的。但如果查考一下我们的数学史,不难发现在《议古根源》(约1080年)早已知道这方法的原理。中间经过刘益、贾宪的发展,到了秦九韶(1247年)已有了完整的方法,比和涅早了五百七十二年,续用此法的李冶(1248年)、朱世杰(1299年),都比和涅早了五百多年。

(在古代天文和数学是不能分开的,我们对天文学也有光荣的史实,如郭守敬的岁差等,但不在本文范围之内。)

当然如果我们继续发掘,我们还会发现更多、更好、更宝贵的材料。但也不必讳言,在元代末期之后,我们的数学曾经停滞过,甚至退步了些。停滞的原因,并不是因为人民的智力衰退,而是因为环境的改变,元代崇尚武力,明代八股取士,等等。同时生产情况也一直留滞在封建社会阶段,而欧洲却继文艺复兴之后,转入了资本主义社会,因之他们的数学突飞猛进了,造成了目前的显著的差别!

但这差别是暂时的! 而不是基本性质的!

注释这几句话是并不困难的。在古代时候,我们进入文明阶段较早(指恩格斯所说的文明阶段),所以我们的数学发展开始得比欧洲为早。在欧洲蒙昧时期,我们已有显著的贡献。我们不妨为我们先民的伟大成就而感到光荣和鼓舞，但我们不可引以自满，而产生唯我独尊的优越感。后来欧洲资本主义的崛兴（当时这种制度也有它的进步性），催促了数学进一步的发展，而我们反而暂时显得落后。我们也不必为了这落后现象而自馁地认为凡事不如人，而产生自卑感。今日如果把资本主义社会来和新民主主义社会、社会主义及共产主义社会相比较，则优劣之间又差了一个时代。所以我敢断言：在不久的将来，在毛主席所预示的文化高潮到来的一天，我们的数学——实则整个的科学，整个的文化，都将突飞猛进，在世界上占一特别重要的地位。

创造自主的数学研究[①]

——关于中国科学院数学研究所的奋斗目标、方向与任务的报告

在这次的院务会议的总结报告上，郭院长已经宣布，我所是正式成立了，随着成立而来的当然是我们为人民服务的光荣任务。如何能正确地、有效地进行工作而且能配合着国家建设的需要，这是我们应当讨论的主题。我现在先提若干初步意见作为讨论的基础。当然在我们讨论中我们要注意将近的细致的问题，但是还要注意到远的、大的。我们固然要注意工作的深入，但也不要忘掉宽广的基础问题，我们的现况固然要注意，但数学研究所外的全面情况，也得看到。总之，我们要从长远利益考虑奋斗目标，再结合现在的环境，做一目前的工作计划，它须是有步骤的，而且行得通的计划。

数学是我们先民所擅长的科学，近三十年来这也是一门

① 本文是1952年中国科学院数学研究所正式成立前华罗庚所长所拟的报告发言稿。此发言稿后经补充修改（见附）并请示中国科学院院长、副院长后在数学研究所全所大会上进行了报告。本文标题系编者所加。

最有成绩的科学。近年来我们国人所写的论文每年在百篇左右，在近代数学仅有短短的历史情况下，这种成绩，不可谓之不富。并且在一些专门部门中，我们的工作已经在世界数学界有了一定的比重，例如，微分几何学，富氏解析，流体力学，等等。面对着过去的、丰富的、辉煌的成就，加之我们已经有了可以繁荣滋长的新民主主义社会的优良环境，我们有无比的信心，我们的前途是十分光明的；我们一定会完成我们的光荣任务，而胜利地迎接毛主席所预示的文化新高潮的到来。

我们过去的成就，虽然是足以称道，但由于过去的蒋政权的黑暗的统治，也造成了若干不可讳言的缺点。

由于过去的半殖民地式的社会，在我们的数学研究上，也投下了不少的暗影，特别如：我们问题的来源，是完全取给于外国杂志，方法有些也是因袭外人的，工作完成之后，也寄往外国杂志，如能发表，便沾沾自喜。而学校里或研究机关的高级工作人员，都是出洋回国的人充当。这种偏差使我们的科学工作永远居于附庸地位。当然这是旧社会中毫不足怪的现象；因为蒋政权不提倡科学刊物的发布，因之，论文当然外流。蒋政权媚美，当然，有些科学家以得到美国人的赞许为光荣。据我们调查所得，五四以来，总共有一千篇左右的论文，而在中国发表的不上十分之一。

其次，在过去关于全面性的计划也付诸缺如。最具体的例子就是为"中央研究院"数学研究所的偏颇作风。他们不但把应用数学割裂在研究范围之外,而理论部分也仅选择了十分仄狭的一面。当然就个人英雄主义来说,领导者集中所有的力量专搞一个尽可能狭小的领域,容易有成绩表现出来;同时领导者也容易掌握指导工作。但就人民利益来说,就科学发展来说,这是不正确的方针。我们人民所需要的是全面性的科学,而不是支离破碎的牛角尖。我们未来的文化新高潮是自主的、全面的、波澜壮阔的,而不是在美国帝国主义文化上插的一面锦旗,洋人头上的一朵花。(也许我还是过分恭维了!)

集体性的工作以往远没有尝试过,一直到今天还没有定规的、持久的、专题性的讨论会出现过,当然这一来由于旧社会的不提倡,二来旧社会中也造成了"文人相轻"的坏习惯。不经过集体的讨论,我们也就谈不到交流经验、观摩切磋及分工合作。其结果是自己搞的工作只有自己懂得,而陷入孤芳自赏的脱离群众、脱离现实的局面。进而造成了"山头主义"、"唯我独尊"的偏向。

结合了以上的检查,我所的工作原则也就有了初步的轮廓。为了纠正过去的"半殖民地式"的研究情况,我们就应当建立民族的自立的研究方式。同时我们的条件也已具备了:新民主主义社会是十分适宜于计划的、集体的科学研究工作的推行的。加之,中国数学进展的情况也刚好进入到这一阶段上来。换言之,自从我们的数学转入吸收西方的时期以来,很明显地经过了以下的几个阶段:由学习而模仿,由模仿而进入“局部创造”。而现在正是局部创造的人员加速增多的阶段。所以我自信,创造自主的数学研究的客观条件已经成熟。但我并不是说我们能做创造性工作就完全不要学习和模仿外国的数学家的优良创作——特别是苏联数学家的辉煌的成就,相反地我们应当更加多方面地吸收营养,使根基扩大,枝叶茂盛。当然吸收不能是盲目的,而应当是主动的有批判的。唯有如此才能使近代数学在自己的国土上遍地开花,更重复一句,我们数学研究的条件已经十分成熟了。如果我们加上主观的努力,我们一定会在文化新高潮中占有先驱的地位的。

科学不是一粒一粒的珍珠——供有闲阶级老爷们玩赏的珍珠;而是一个齿轮套着一个齿轮的机器——为人民服务的机器。任一齿轮的不灵都会影响到整个机器的,或使其工作效率降低,或根本上使机器不能操作。所以科学发展应当是全面性的,每一个都应当发挥它的齿轮作用。正如每一齿轮都有它相邻的齿轮,而每一门科学也都有它相邻近的科学,有它较原则性的一面,也有接近应用的一面。如果我们忽略了其间的衔接,就不能使它发挥最大的功能,就不能掌握它的发展规律。所以就现阶段而言,我所的工作是理论与应用兼顾的。每一个工作人员应当致力于他专长的一门,但也应当兼顾一下相邻的部门。但正如齿轮是有大小的，所以，虽然我们不能忽视每个齿轮，但也不能用同样的大小来制造所有的齿轮。我们应当权衡范围的大小、需要的缓急、性质的难易、发展前途的宽仄等来配备我们的机械零件。同时我们还得结合现阶段已具备的基本条件，因为唯有如此才能使我们的计划实行得更有效、更迅速。

关于基础理论方面，我们的条件比以前已大见宽足，虽然我们领导的力量还不太强，但我们必须而且能准备着全面的发展，就现阶段来说先使代数、几何、解析的大范围每门都有人在工作，将来当更进一步地分门别类，希望较细的分目都有人在工作，更希望较远的将来，能够在数学的基础理论上每一较重要部门在中国都有专家。

关于应用数学，就全国范围说还有些大空白，而我所呢，差不多都集中在气体动力学方面。所以我们必须召开计划性的会议，来检查一下全国的情况，特别是人才在各门类的分布概况。然后来决定我们未来的计划。但我们也必须注意应用数学是最易和其他部门发生重复的，所以在做我们的计划时，固然必须查出空白，但也须避免不必要的重复。

计算数学是一门在中国被忽视了的科学。但它在整个科学中的地位是不可少的，它是为其他各部门需要冗长计算的科学尽服务功能的一门学问。为了帮科学中其他部门的发展，我们必须想尽方法来培养和发展它。我们希望在三五年内能有计算数学所需要配备的各种机器，能有善于操纵并了解其结构的人才。

集体性在我国是一种尝试，但我们必须注意：集体性是增加力量的，而不是对消力量的。因为旧社会的文人相轻是对消力量，但如果大家一团和气，言不及义也是对消力量。换言之，所谓集体工作是切切实实的若干人在一起，有计划分工地工作，而不是漫谈闲话式的枉费时间和精力。关于集体性，我们必须和中国数学会保持最密切的合作，我们更必须向我所的专门委员经常地联系和请教。如果筹备来得及，在本年度我们准备一两个专业性会议，集中全国某一特殊问题的专家互相观摩，互相切磋。

在现阶段我们的主要工作，除掉以上所讲的一些工作以外，我们还有如下的若干部门：

我们必须展开全国性的调查研究。我们所要知道的，不仅是姓名、年龄、籍贯等，而我们想知道的项目主要地是每一个人的工作范围、研究范围、学习范围。我们要完成全国数学家的论文索引、著作调查。利用调查所得的资料，结合爱国主义，我们要遵照胡乔木同志的指示，向人民传达。我们还得帮助编译局完成“论文选辑”这一重大而艰巨的工作。统一名词也是现阶段中国十分需要的工作，我们也准备大力地帮助它的完成。

关于先进的经验的学习,无疑地在未来的中国有决定性意义。为了工具的获得,今年我所将展开学习俄文运动,希望在一年内,我所同仁都能有阅读俄文数学书籍的能力。把握了这一有效的工具后,然后“向苏联学习”的口号才不致流为空谈。

根据全面性发展的需要,我现在对研究实习员同志们提出一项要求。我希望大家在二年内可以“精通三高”(高等代数、高等几何、高等微积分),“握有一长”,即有一门专研特长。为了使大家“三高”搞好,下年度将有我所开设的关于线性群论的讨论班,这将使你们的代数及几何的知识更结实、更提高。吴新谋同志的微分方程论可以帮助大家补充解析方面知识,同时这也是进入应用数学所不可少的工具。关于“握有一长”,我所期望于大家的更为殷切,因为这是未来的全面发展的基础。当然由于我所能领导做研究的工作同志的人力是受限制了的,所以我们不能不有重点地稳步地推进。今年北京所内的重点是:……,此外还有在浙江大学、北京大学和清华大学工作的合聘研究员的工作。

我所同志们,请不要忘记,固然自己是往专家的路上走去,但同时还是数学家,所以不要忘掉注意数学方面全面性的发展,不要忘掉相邻接其他齿轮;也不要忘记自己是研究所的一员，所以对所里的一切要采取主人翁的态度来建议和批判。也不要忘掉自己是新中国的人民，因之，也不要躲藏在纯业务观点的小天地中而自我陶醉。

为了我们能做一新中国的良好公民、毛主席的优秀干部，我们必须经常地学习马克思列宁主义及毛泽东思想，并注意时事政策等，因为这是新民主主义每个公民所必需的。也许有人会问：一个科学家何必要了解政治呢？更有人提出“自然科学是无阶级性的，我们钻研自然科学是不会成为反革命的。”这种说法歪曲了斯大林的指示。他说“自然科学不是有阶级性的。”但也完整地配合了：“在阶级社会里，科学通常是掌握在统治阶级手中。”诚如一个原子物理家，他能在美国制造杀人武器，但也能到中国来把原子能贡献给人民，为人民谋福利。数学家亦莫不然，他可以在资本主义阵营中把计算技术传授给制造杀人武器的人们，但也可以回到新中国来教育祖国的工程师。而这种基本认识的来源，得依靠学习，深入地学习，经常地学习，唯有学习才能使我们认识自己、国家和世界。关于学习的态度，毛主席有句名言：

“学习的敌人是自己的满足，要认真学习一点东西，须从不自满开始，对自己‘学而不厌’，对人家‘诲人不倦’，我们应该取这种态度。”

诚然！诚然！我们不但对政治的学习应当如此，我们对

业务的学习也应当如此。斯大林也说过:

“国家和党的任何工作部门的人员,其政治水平和马列主义的认识愈高,工作本身就愈好和愈有成绩,工作效力也就愈显著!”

所以我所将来的工作展开无疑的是依据着学习的。

关于行政性的工作,就现阶段来说,我希望大家来普遍担任起来,因为这工作既是为了大家,所以大家也应当共同来担任这一义务。特别是:调查研究,论文选辑和名词审查。我希望在最短时间搞出一些眉目来。同时,全国的数学发展也是我们应当关心的。所以我们也应当经常和群众联系,帮助群众解决问题,和做原则性的指示。

最后,我们不能忘掉蒋匪帮给我所的损害,他们把所有的书籍,都搬往台湾去了。为了避免暴政的迫害,工作人员也都散去了,一切都得从新开始,特别是书籍方面,为了美帝的封锁,我们还一时不易添置齐全,所以我们现在的处境,还是相当困难的。但美蒋的迫害,是不能阻滞我们的发展的。在毛主席的英明领导下,在共产党的领导和支持下,我们有勇气,我们有信心,我们一定能完成我们的任务,我们一定能把自然科学中的老大哥——数学,在中国再度繁荣滋长,我们一定能恢复我们祖先在数学史上所占有的光荣地位,我们一定能在毛主席所预示的文化新高潮中成为强有力的主流的一部分。同志们！为了祖国，为了人民，我们奋勇前进吧！

附：补充及修改[①]

(1)方针方面：建立起实事求是的、艰苦创业的作风。不专门为抽象而抽象，为推广而推广。在抽象与推广的过程中，必须有实际内容，而不是无的放矢。

在原稿中已提出学习苏联，但说服性不够、重点不够，我们准备更加重地提高学习苏联的重要性和迫切性。(因此，阅读学习俄文在本年度内不但决定经常进行，而且准备搞一次突击。)

结合全国的数学发展情况，已有成果的部门继续向前发展，空白部门有计划地补充，以期达到以下的发展方向。

(2)发展方向及步骤：苏联的远景是我们现在的奋斗目标。

“数学研究所计划发展现代数学中所有主要部分，此外

---

① 中国科学院数学研究所在向科学院计划局呈送此“补充与修改”时有如下说明：“计划局同志：办公厅的九月十二日的通知指示了我所负责同志对本所现况(存在的问题)方针、任务、发展方向及步骤，在本所作一报告，并将报告提纲交计划局，由计划局与本所负责同志会同办理，确定内容请示院长、副院长后再行报告。根据这一指示，我们奉上一九五一年院务会议之后我所准备成立时华罗庚所长拟的发言稿。我们准备根据此稿并结合所附的‘补充及修改’进行报告。”

特别注意数学物理中的微分方程，发展概率论在技术上的应用，并编造各种专门性的表。”

结合我国及我所的实际情况，我们的方向及步骤如此：

A. 基础数学方面

①逐步地展开现代数学中所有的主要部分的研究工作。在现阶段我们的重点是微分方程论、多复变函数论、解析数论、拓扑学及概率论。本所合聘研究员各在原地工作，他们的研究范围是：K展空间微分几何学（苏步青负责），单页函数论（陈建功负责），群的表示论（段学复负责），量子力学（张宗燧负责），数学基础（胡世华负责）。

②我们亟待争取人才来所的方向：泛函数论，积分方程论。

B. 应用数学方面

①我们奋斗的目标：我所逐步增加直接用在工业上和适用到其他连带有关的科学部门中——物理学和技术科学——的题目。

②这一部门鉴于它的边缘性，必须与有关部门联系，分工合作才能免去空白及重复的毛病。

③选派人员赴苏联留学，学习先进经验及补充空白点。

C. 计算数学方面

这是重要的、但空白的部门，必须发展，现在应当是积极准备的阶段。

(3)任务

A. 研究实习员已有培养计划。对一九五一年的原稿上的“精通三高，握有一长”的原则还须加以进一步的说明：

①三高的比重，重点在解析(三高的名称在明后年要取消的)；

②由于数学系同学过去未能注意力学，所以对力学应有补充；

③握有一长，在第二、三年进行，所以研究实习员的主要任务是学习。学习的要点是互相帮助，共同前进。

B. 研究员及副研究员应当有自己的研究计划，有尽责培养研究实习员的责任，指导研究工作也是主要任务之一。方式用“习明纳尔”，而不是散漫的、自流的。

C. 助理研究员应当有自己的研究计划，并有一定的负责培养研究实习员的任务。

以上只是要点，而不是机械的规定。例如，如果有一研究实习员，他有了独创的研究计划，经领导上批准之后，也不妨进行。

革命数学家伽罗华①

时间快接近五四了，使我想到五四所提倡的德先生和赛先生。从前为科学而科学的学者们，往往认为德先生与赛先生是无甚关系的，至少曾经有了一批人认为廿世纪是分工合作的时代，可以有些人搞科学，而另外一些人搞民主运动。科学家们应当躲藏在象牙之塔里，可以不了解政治，但他们不知道虽然科学家们不问政治，但政治确时时刻刻地干涉科学(家)们的一切——从最高的原则般的思维法则，一直到最最实际的基本生活——同时科学家也是人，也是世界公民——既是人，既是世界公民，就不应当不了解人类社会进行的基本法则。

我今天所讲的是一个悲剧，是一个法国青年天才数学家为社会而牺牲的悲剧——他的死年仅仅二十有一。

如果不是不良的政治害死了他，他在数学史上的地位，

---

① 本文是华罗庚于20世纪50年代早期给青年学生的报告手稿，具体年份待考。该报告在华罗庚生前未曾正式发表，这份手稿系本书编者从华老家属捐赠给中国科学院数学与系统科学研究院的华老遗稿中发现，由大连理工大学出版社帮助整理、录入并首次公开发表。

将是更是光辉更是伟大的。仅短短的二十年，就算他十六岁开始做研究，仅短短的四年工作，区区六十页的论文，他的工作的影响已超过了整个的世纪。诸位念过近世代数的人——凡是知道方程式论、群论、域论的人——都能证实我这句话。现在数学家称他做——伽罗华群、伽罗华方程式、伽罗华域等，用这些名词来纪念伽罗华，给出他的荣耀。但当年二十龄的青年死了之后，连葬处也不知何在了！

现在让我们来进入正文，关于伽罗华的死有两种说法：

在大仲马的法国革命史上，“共和党的激进派的少年领袖——反动派称他做可怕的共和党党员——伽罗华被暗杀了。”

在数学史上，“一颗光芒万丈的彗星划过了夏夜的晴空，这年轻的天才数学家为了恋爱问题而决斗死了。”

两种不同的说法，依照前一种，我们的影像是他是豪迈无前的勇士，他的性格，如海上的狂涛和天空的霹雳。但照后一种说法，他似乎又是风流倜傥、一往情深的才子。他的性格，如江南的春色，愿老死在温柔乡的公子哥儿。同时照一般顽固不化的人看来：数学家需要的是内向的性格，能够整天地坐在书桌上，能整晚地深入地思索着，而革命家需要的是外向的性格，能够叫唤，能够冲锋陷阵、豪迈无前。这两种性格能否在一个人的身上出现？但事实是证明了：这是完全可能的！只要有爱真理的心，就能够在科学上表现成优良的科学家，就能在政治上表现成奋不顾身的革命家。这是一种事实的两面，是统一，不是矛盾。

伽罗华生于一八一一年的十月二十五日，在巴黎附近的名叫 Bourg-la-Reine 的小镇上。他的祖父是那城里唯一不在修道士手中的小学建立人。他的父亲是自由主义的领袖，在拿破仑由 Elba 岛逃走之后的期间，他被选为 Bourg-la-Reine 的市长。他始终是和乡民在一起，而对修道士斗争的人。伽罗华自出生以后一直到十一岁，是由他母亲教育。到十二岁(一八二三)他去巴黎进中学。校名是 Louis-Le-Grand。这学校的建筑，据说是很像监狱。但革命的英勇的记忆犹新，里面确蕴藏着火也似的革命情绪。无疑问的，伽罗华关于革命的第一课是在这儿开始的。

起初伽罗华是一个好学生，后来渐渐地不管正规课程，当他到最高年级前一级的时候，校长对他的父亲建议，最好留级一年。因为这小孩的康健不佳，还并未成熟。当然他并不强壮，但校长说他不成熟，确不很对。那是他(广阅)①了很多数学书籍，他把数学当小说念，对他最有趣味的是 Lagrange 的几何学。代数方面没有好书，他就直接阅读 Lagrange 及 Abel 的文章。他的性格完全变了：从小孩的活泼

① 括号内文字表示原稿此处文字不清，由编者酌定，下同。

一下变成深刻的沉思。继续地不断地天天在发展。先生们对他是一天一天地不了解了！可由成绩报告单上看出他的渐变。

1826—1827:“这学生外表虽有些怪僻,但他的操行是无瑕的。他的学习很好。”

稍迟:“除掉最后二周,该生往来读书。他的读书是为了畏惧惩罚。他的野心和创造性,使(他)脱离同学们。”

1827—1828:“他是有能力的,并且超过常人。”

但有一先生附记一下说:“我不同意以上的见解。因为我没有看见丝毫的证明,证明他有才能。而我所见的仅仅是怪僻和漠视!”

另一教员说:“忙着与他无关的事,每况愈下。”

同年:“坏掉了！神秘性学作创造性。数学狂迫害他,对校课无所事事。”

1828—1829,中学最后一年,他遇着一位好教员。Richard 发现天才。他说:这学生的能力超过同班的同学。但在高等数学中工作,他并不抱怨他不做初等习题。他认为初等习题只为普通学生而设的,但物理化学的教员常说伽罗华是失魂失魄似的,不做任何工作。

在他十八岁的那年，他以为他解了五次方程式。这当然是无足怪的。Abel在他未证明五次方程式不可解之前，他也以为他解了五次方程式的。那时他准备考巴黎高工。这是他的最大的渴望。因为那时候，巴黎高工不但是数学家人才辈出的所在，同时也是民主摇篮。但是他落第了！这对他是一个严重的打击。

次年（一八三零，十九岁）他刊布他的第一篇文章。他第一次长文寄给科学院。但因为Cauchy的不小心，把他的原稿遗失了！这使伽罗华异常伤心，他再试寄之又遭失败。但这还不是最大的打击！而更大的是，他父亲被他的政敌，用不正当的方法打击而自杀，死在离伽罗华的住所不远的公寓里。当他父亲的葬仪经过他故乡的时候，拥护他的市民肩抬着棺材，经过市区，而反动派在外面叫嚣着。这都使伽罗华深深地了解，反动派的鬼蜮伎俩，在他的心灵深处，印下了不可磨灭的烙痕。他由憎恶不公平进一步变成主张用暴力来打倒不公平。

他既被拒于高工门外，又遭父丧，在百无聊赖的情况下，为了将来的职业问题，而入师范学校。这学校的学生虽然趋向自由，但学校的负责分子是反动的，用校规来束缚学生，用特务来侦察学生。对伽罗华是双重压迫。他的政治愿望被压制着，他的数学天才无人承认。他对粉笔、粉板刷子是生疏的，他在黑板前面的表现始终不佳。

他送了三篇文章给数学杂志及一篇长文给科学院。但又是不幸,这篇文章由 Fourier 带回家去,在未看之前死掉了!死后遍找此文无着!这对年轻的伽罗华是一个多么大的打击。他了解了他只不过是整个坏社会中的一个牺牲者。他坚定了他的革命立场。

七月四日的枪声响了,我们可以想象这青年是多么兴奋呀!旧社会在死亡了,新的已在召唤。高工的学生已冲到街上参加革命的行列,推翻暴君 Charles 第十。但这次对热血沸腾的伽罗华太残酷了,因为师范学校把铁锁来禁闭住学生。

七月革命的光辉的三天倏忽过去,然后这机会主义的校长释放了这批学生们。被迫地放弃掉这机会,伽罗华心里一定痛心地认为无法补偿的。

Louis-Philippe 盗窃了革命成果,粉碎了有自由倾向的分子。用一种伪进步的姿态,做出与 Charles 第十同样压迫人民的政绩。在他的政府中仍旧是腐化,依旧任用宠幸。伽罗华在这时期,心身受了双重的压迫。政治上的,学术上的。一切的一切使他觉得唯一的途径是革命。所以在 1830 年秋,他再进师范学校时的心情完全是两个人了。同时师范学校的校长对这位青年非但不细心地观察这学生的苦闷所在,而替他解。相反地,经常去责备他,说他"行为不正,懒惰,涵养不好，政治态度失当，等等云云。”最后是趋于决裂。伽罗华在《学校报》上发表了一封信，公开地责骂校长。而这是最后一次破裂。伽罗华被请出了学校——这是一八三零年十二月九日的事。但他被开除的处分，一直到一八三一年一月三日由皇家会议所追认。

他再把第二篇 Fourier 所失去的长文，再做了新稿，寄给 Poisson。四个月之后得到回音说：不完整。这是伽罗华对学术的希望的最后丧钟。他毫无顾虑地、全心全意地走进政治。他不再有任何妥协的幻想。他的为大众牺牲的决心已不再踌躇，有一次公开地说：“如果要一死体来刺激大众的情绪，我可以给出我的。”

在一九三一年五月九日一个政治宴会上，他一手执杯一手执刀为 Louis-Philippe 而干杯。当然他遭逮捕了。

他的律师捏造了假话使他得释放。但在七月十四，政府深惧暴动，因而又把这可怕的共和党激进分子予以逮捕，想了三个月，当局才想出理由，说他私穿军服，监禁六月，而把他押入 Ste Palagie 监狱中。一九三二年瘟疫猖獗，伽罗华才得具保释放。

但 Louis-Philippe 的特务们是不会放他（们）的魔手的！他们做好了一个圈套。有一个不三不四的女人和他勾搭，然后由一彪形大汉出来和他较量，要求决斗。

这是一九三二年五月三十日的早晨，伽罗华经过整夜的工作，写了告别朋友的信，同时也写下了最后的关于数学的遗稿。在一清早的时候去往决斗的所在。两个彪形大汉已在等待他。伽罗华没有决斗的副手，但彪形大汉开枪了，一下击中了他的腹部，他倒下了！彪形大汉离开了！一直等到有一农民进城，才把他送进医院。他仅有的家属——他的弟弟在哭泣。伽罗华说：不要哭，我须要我的勇气死在二十龄。这是第二天的早上十点钟。

他的丧礼是举行了。二三千个共和党员及学校代表都参加了！少不得的还有大批警察，他们怕暴动。所有的事是很平静地过去了！当然这些参加葬礼的都是为了尊敬伽罗华的爱国心及酷爱自由的（心），革命的信念。但谁知道他们所崇敬的这位年轻的政治英雄，确是永垂不朽的大数学家。

朋友们，当做一个革命者他是被遗忘了。当做一个数学家，他还是永在记忆。他被埋葬了！埋葬的地方，已经不知何在！并无标志，并无墓碑。他是一个天才数学家，他是一个坏政治的牺牲者。这是坏政治摧残科学家的具体的证明！

当然坏政治所摧毁的不止是科学家。在蒋介石统治之下的成千成万（人）被屠杀了！其中当然可能有若干天才。工农大众都被压得翻不过身来。有天才的无法表现出来，资产阶级能有几人？即使有一二天才，蒋政权也用腐化的方法把他庸俗化了！同学们，我们是多么地幸运生在这个新时代，我们的政治制度，不再窒息。

我们已不必努力而得到了伽罗华所期求的时代。我们不必为伽罗华悲伤了，我们要为我们自己而庆幸了。我们努力地工作吧，使我们的力量能充分地发挥，为建设新中国而努力！

写在一九五六年数学竞赛结束之后①

一九五六年度北京市的数学竞赛已经结束了。在这次竞赛中，最好的成绩几乎达到了我们预计的最高标准。一般讲来，绝大部分都达到了优秀中学生的水平。在第一次数学竞赛中，就出现这样优异的成绩，实在是使人十分兴奋的。这显示了新中国青年们的卓越才能和学习毅力，也说明了我国的科学事业中，已经涌现了强有力的后备队伍。

数学是研究量的关系和空间形式的科学，在一切的科学中，都不可能缺少量的关系，因此，数学也就很自然地渗透到科学的各个领域之中。掌握好数学，就会给我们顺利地进入科学的其他领域，打下一个牢固的基础，它将很好地为各项科学服务。从这一意义来看，这次数学竞赛，不仅数学界为之欢欣，祖国整个科学界也应当把它当作一件喜事看待。

在这里，我为青年朋友们的出色成就而庆幸。我也希

---

① 原载于1956年5月31日《光明日报》。

望，这次的竞赛带给优胜者的不是骄傲和自满，而是更加谦虚，更加努力，继续和同学们一起共同前进。我更希望，没有录取的同学不要自馁，不要为一时的失败而丧失了信心。在长距离的赛跑中，它的优胜者是最有持久力的人。

在这里，我要说明一下有些中学教师和其他方面的朋友对这次竞赛所提出的一些问题。

有人说：试题太难了！尤其是第二场的题，在学校的习题里找不到和它性质相同的。首先要说明，数学竞赛的性质和学校中的考试是不同的，和大学的入学考试也是不同的！我们的要求是，参加竞赛的同学不但会代公式，会用定理，而且更重要的，是能够灵活地掌握已知的原则，和利用这些原则去解决问题的能力，甚至于创造出新的办法、新的原则去解决问题。这样的要求，可以很正确地考验和锻炼同学们的数学才能。所谓“数学才能”，并不是很快地会背书中的公式和定理，很快地会做模仿性的习题，而在于能深入地了解数学，透过公式和定理来洞察其中的精神和实质，从而灵活地运用这些公式和定理去解决新问题。大家都知道：对学习数学的同学的要求，是“计算技巧的熟练”，“几何直观能力的培养”和“创造性的思考能力”。我们就是根据这些原则来举行竞赛的。这样的要求也许是高了一些，但愈是这样，才愈能提高数学爱好者的兴趣，增强他们的数学能力。而且，这对于数学竞赛的优胜者来说，实际上并不是太“难”的。另一方面，这种所谓“难”，也只是限于对数学的高度熟练，而不是出什么奇奇怪怪的题目。如果有一个学校的教师，错误地理解了数学竞赛的要求，给同学出了很多难题，以“培养”数学竞赛的优胜者。我们必须反对，因为这是贻误青年的有害的做法。很明显，从做难题入手，是不会收到好的效果的。纵使学生做了一个类型的难题，而对另一类型，却依然是生疏，并且难题是很多的，层出不穷的，又哪里做得完呢？单靠做些奇奇怪怪的难题，是锻炼不出很高的才能来的。只有掌握了原则，才能无往不利，才能创造性地灵活运用，因而才能有所创造。因为原则的运用，不是只能做这一套，就是换另外一套，也照样行！它会解决各种不同形式的难题。所以，想从多做难题这条道路争取做优胜者，恐怕是不容易的，也是不应该的。我希望老师们和同学们能够从基本概念上去教和学，不要钻在劳而无功的难题上。当然，适度的难题锻炼还是有必要的。

也有人说：这次竞赛的题目中缺少计算题。是的，这是一个缺点。测验计算技巧是十分重要的，有趣的计算题不是死代公式或成法就可以完成的，而是需要机智和技巧。但是，既包括“技巧”而同时又能在短时间内完成，这样的计算题目很难找得合适的。我再声明一句：竞赛的题目中没有计算题，并不说明计算题不重要。相反地，在一切应用中，都需要计算出具体的数字来，而不是代一个公式就可了事的。

"计算"是数学的理论和其他科学间的联系的一个重要环节，一个决不可少的环节。所以，同学们要练好这套本领，不要因为计算题枯燥无味，太繁琐而忽视了它。否则，在未来的科学道路上，将会遇到困难的。

数学竞赛的前几名优胜者收到了不少的来信，有些是祝贺他们的，但也有些对他们的获胜表示不服气，向他们提出"挑战"："看！谁到底更好些。"我认为这样由于不服气而来的挑战是不好的，也是不必要的。青年们倔强，不甘于失败，这自然是好的。可是倔强并不是说不要谦逊精神了，不要实事求是的态度了。竞赛失败者的正确态度，应当是一方面要检查自己竞赛失败的原因，以后努力追上去；另一方面也应当祝贺优胜者，尊重他们的成就，学习他们成功的经验。应当把同学的任何一点成功，都看作是集体的荣誉，都看作是自己伙伴的光彩。嫉妒，是最没有出息的。不怕暂时自己的才能没有发挥出来，怕的是失去信心或是不肯作辛勤的努力。谁敢说，在参加这次数学竞赛没有获选的同学中，在将来，就没有比这次优胜者更优秀的呢？

在这里，我要代青年们表达一下他们对科学家的要求。

在这次竞赛中，我们举办了一系列的演讲，同学们都感到很大的兴趣，并且渴望着继续下去。在一次通俗演讲会上，有些同学和我谈，希望各方面的科学家们能够多举办些演讲,以便丰富他们的科学知识。他们再三地要求我把这个意见转达给敬爱的科学家们。他们那样恳切,那样渴望,使人不能不感动,不能不下定决心,无论如何也要满足他们。为青年们做这样的工作,跟我们科学家的工作和意愿应该是完全一致的。我们有责任关怀下一代的成长,要经常地通过各种方式给他们以精神食粮,不断地接近他们,多方面给他们以指导。这样,使得我们的接班人更能合乎我们的要求。我体会到了青少年们的急切心情,因此,诚恳地代他们向科学家们呼吁:经常地和他们见面,给他们一些具体的指导吧!满足他们求知的愿望吧!

在全国范围内,今年只有四个城市——京、津、沪、汉举行了数学竞赛,很多城市的数学爱好者来信,希望这种活动能够推广到他们的城市中去。这充分表现了他们对科学事业的热爱,是极可喜的。但是,由于我们没有经验,力量又不足,今年没有可能实现大家的愿望。明年,我们一定要适当地给以推广,而且我们有“比今年办得更好”的信心。要实现这个愿望,十分需要得到各方面的支持。

聪明在于学习，天才由于积累[①]

最近，党向我们提出了向科学大进军的庄严号召，要我们在十二年内在主要科学方面接近世界的先进水平。这个号召使广大青年科学工作者感到巨大的鼓舞，许多青年人并且订了几年进修计划。这是一个十分可喜的现象。这里我想提出几点意见，供大家参考。

聪明在于学习，天才由于积累

必须认识攻打科学堡垒的长期性与艰巨性。应该像军队打仗，要拿下一个火力顽强的堡垒一样，不仅依靠猛冲猛打，还要懂得战略战术。向科学进军不但要求有大胆的想象力，永不满足于现有的成就，而且要踏踏实实从眼前的细小的工作做起，付出长期的艰苦劳动。听说许多大学毕业的青年同志正在订计划，要在若干年内争取副博士。但我要奉劝大家，不要认为考上副博士就万事大吉，也不要认为将来再努一把力考上个博士就不再需要搞研究了。不，科学研究工

① 原载于1956年第7期《中国青年》。

作是我们一辈子的事业。我们的任务是建设共产主义的幸福社会，是要探索宇宙的一切奥秘，使大自然力为人类服务，而这个事业是永无尽止的。若单靠冲几个月或者两三年，就歇手不干，那是很难指望有什么良好成绩的；即或能作出一些成绩，也决不可能达到科学的高峰，即使偶有成功总是很有限、极微小的。解放前我们看见不少的科学工作者，他们一生事业的道路是：由大学毕业而留洋、由留洋而博士、由博士而教授，也许他们在大学时有过一颗攀上科学高峰的雄心，留洋时也曾经学到一点有用的知识，博士论文中也有过一点有价值或有创造性的工作，但一当考上了博士当上了教授，也就适可而止了；把科学研究工作抛之九霄云外，几十年也拿不出一篇论文来了。这实在是一件很可惋惜的事。当然那主要是旧社会的罪恶环境造成的。今天我们的环境不同了，新中国的社会主义制度为科学事业开辟了无限广阔的道路。现在我们可以安心地在自己的岗位上去大力从事科学活动，努力钻研创造。我们的科学事业已成为整个社会主义的不可分割的组成部分，因此就不应该再抱着拿科学当“敲门砖”的思想，而应该为自己树立一个最高的标准和目标，刻苦坚持下去，为人民创造的东西越多、越精深才越好。

有些同志之所以缺乏坚持性和顽强性，是因为他们在工作中碰了钉子，走了弯路，于是就怀疑自己是否有研究科学的才能。其实，我可以告诉大家，许多有名的科学家和作家，都是经过很多次失败，走过很多弯路才成功的。大家平常看见一个作家写出一本好小说，或者看见一个科学家发表几篇有分量的论文，便都仰慕不已，很想自己能够信手拈来，便成妙谛；一觉醒来，誉满天下。其实，成功的论文和作品只不过是作者们整个创作和研究中的极小部分，甚至这些作品在数量上还不及失败的作品的十分之一。大家看到的只是他成功的作品，而失败的作品是不会公开发表出来的。要知道，一个科学家在他攻克科学堡垒的长征中，失败的次数和经验，远比成功的经验要丰富深刻得多。失败虽然不是什么令人快乐的事情，但也决不应该气馁。在进行研究工作时，某个同志的研究方向不正确，走了些岔路，白费了许多精力，这也是常有的事。但不要紧，你可以再调换一个正确的方向来进行研究；更重要的是要善于吸取失败的教训，总结已有的经验，再继续前进。

根据我自己的体会，所谓天才就是靠坚持不断的努力。有些同志也许觉得我在数学方面有什么天才，其实从我身上是找不到这种天才的痕迹的。我读小学时，因为成绩不好就没有拿到毕业证书，只能拿到一张修业证书。在初中一年级时，我的数学也是经过补考才及格的。但是说来奇怪，从初中二年级以后，就发生了一个根本转变，这就是因为我认识到既然我的资质差些，就应该多用点时间来学习。别人只学一个小时，我就学两个小时，这样我的数学成绩就不断得到提高。一直到现在我也贯彻这个原则：别人看一篇东西要三小时，我就花三个半小时，经过长时期的劳动积累，就多少可以看出成绩来。并且在基本技巧烂熟之后，往往能够一个钟头就看完一篇人家看十天半月也解不透的文章。所以，前一段时间的加倍努力，在后一段时间内却收得预想不到的效果。是的，聪明在于学习，天才由于积累。

脚踏实地与加快速度

正因为科学工作是一个长期的艰苦的事业，所以不仅要有顽强性和坚持性，而且必须注意科学的方法和步骤，脚踏实地地循序渐进。正像我国要实现社会主义的美好前途一样，不能指望在一个早晨便达到，必须经过过渡时期才行。向科学进军好比爬梯子，也要一步一步地往上爬，既稳当又快。如果企图一脚跨上四、五步，平地登天，那就必然会摔交子，碰得焦头烂额。我这样说是不是保守思想呢？是否违反了“又多又快又好又省”的原则呢？我觉得，循序渐进是和加快速度不矛盾的，正因为循序渐进，基础打得好，所以进军才能保证顺利完成。过去有些中学生，自命为天才，一年跳几级，初中未读完就不耐烦了，跳班去读高中，这是很危险的事，虽然暂时勉强跟得上，但因为基础打得不扎实，将来进一步研究的时候就会有很大的困难。有些青年不但怕难，而且很轻视容易，初中算术还没学好就想跳一跳去学代数。他大概认为算术太简单，没有必要多学，结果到了学代数的时候，却发现有许多东西弄不懂，造成很大的困难。其实我们通常的所谓困难，往往就是我们过于轻视了容易的事情而造成的。我自己从前就有过这样的痛苦经历。看一本厚书的时候，头一、二章总觉得十分容易，一学就会、马虎过去，结果看到第三、四章就感到有些吃力，到第五、六章便啃不下去，如果不愿半途而废，就只好又回过头来再仔细温习前面的。当然，我所谓要循序渐进，打好基础，并不是叫大家老在原地方踱步打圈子，把同一类型的书翻来覆去看上很多遍。譬如过去有些人研究数学，把同样程度的几本微积分都收集起来，每本都从头到尾看，甚至把书上的习题都重复地做几遍，这是一种书呆子的读书方法，毫无实际意义，这样做当然就会违反了"快"的原则。我个人的看法是：打基础知识的时候，同一类型的科学，只要在教师的指导下选一本好书认真念完它就可以了（在这种基础上再看同一类型的书时只不过吸收其中不同的资料，而不是从头到尾精读）；然后再进一步看高深的书籍。循序渐进决不能意味着在原来水平上兜圈子，而是要一步一步前进；而且要尽快地一步一步前进。

谈到补基础知识的问题，目前在大学里有这样两种看法：一种看法是一面工作，一面研究，一面补基础；另一种看法是打好基础再研究。这两种做法当然都可以达到循序渐进的目的。但究竟哪一种方法最好，则必须结合自己的具体环境和条件来决定，不能机械硬搬。我以为在有良好导师进行具体辅导的情况下，不妨一面补基础一面搞研究工作，这样不致走什么弯路，而且可以很快前进。若没有导师指导，那就必须先打好基础，因为基础不好，又没有人指导，将来在进行研究专题时，发现自己基础知识不够，就往往会弄得半途而废或事倍功半。但即使没有导师，打基础的时间也不会花得太久。听说有些大学毕业的学生，担任教师二三年，在制定个人计划时还准备用十年时间来打基础，争取副博士水平，这实在是完全不必要的。依我个人的看法，一个大学三年级肄业调出来工作的同志，拿二三年时间补基础就够了。当然指的是辛勤努力的二三年，而不是一曝十寒的二三年。

独立思考和争取严格训练

搞好科学研究的一个重要关键问题，便是充分发挥独立思考能力。同志们都知道科学工作是一种创造性的劳动，我们从事科学研究的目的，就是要通过自己的劳动，去竭力发掘前人所未发现的东西；如果别人什么都已发现了，给我们讲得清清楚楚，那就用不着我们去搞科学研究了。所以在科学研究上光凭搬用别人的经验是不行的；而且客观事物不断地在发生变化，科学事业也在时时刻刻向前发展，只是套用别人的经验就往往会发生格格不入的毛病，甚至每个人自己也不能靠老经验去尝试新问题，而应该不断地推陈出新，大胆创造。我总觉得，我国青年在这方面还有着较大的缺点。

比如我访问民主德国的时候，我们在德国的留学生就告诉我，由于国内的大学里没有很好培养独立思考的能力，所以现在在学习上造成了很大的困难。他们和德国同学在一起读书听课都不差，但做起“习明纳尔”（课堂讨论）来就不知道从何下手。甚至于自己不会找参考材料，就是找到了参考资料，上去演讲的时候，往往人云亦云，不能有所添益，或创造。的确我接触到过不少大学生，他们从来也没有想到过要和书上有不同的看法。这样，他们实际上变成了一个简单的知识的传声筒。我们有些大学里过去实行过所谓包教包懂的制度。一次不懂便去问老师；两次不懂再问；三次不懂又再问，一直到全懂为止。这虽然是个省力的办法，但可惜任何学问都是包不下来的。如果老师连你怎样做研究工作全都包下来了，那他就不需要你再做这个研究工作了。导师的作用在于给你指点一些方向和道路，免得去瞎摸，但在这条路上具体有几个坑，几个窟窿，那还得你自己去体验。何况我国目前科学上空白点很多。谁也没有去研究过的项目，你到底依靠谁呢？唯一的办法就是要依靠你自己在现有的知识基础上去创造，去深思熟虑。

但请大家切不要误解，以为我是要你们在科学上去瞎摸瞎闯，自以为是，一点也不向别人请教。不是的，独立思考和不接受前人的经验与老辈的指教是毫无共同之点的。假如有一个人没有应有的科学知识，便宣布“我要独立思考”，成天关在屋子里沉思冥想，纵然他凭他的天才能够想出一些东西来，我敢说他想出的东西很可能别人在几十年以前就已经想到了，很可能还停留在几百年以前或几十年以前的水平上面。这种情况说明他的劳动是白白的浪费，当然更谈不到赶上世界先进水平了。所以学习前人的经验，吸取世界已有的科学成果是非常必要的。而为了做到这一点，主动地争取老教师的帮助和严格的训练，又是值得青年同志们注意的。

熟能生巧

最后，我想顺便和大家谈谈两个方法问题。我以为，方法中最主要的一个问题，就是“熟能生巧”。搞任何东西都要熟，熟了才能有所发明和发现。但是我这里所说的熟，并不是要大家死背定律和公式，或死记人家现成的结论。不，熟的不一定会背，背不一定就熟。如果有人拿过去读过的书来念十遍、二十遍，却不能深刻地理解和运用，那我说这不叫熟，这是念经。熟就是要掌握你所研究的学科的主要环节，要懂得前人是怎样思考和发明这些东西的。譬如搞一个试验，需要经过五个步骤，那你就要了解为什么非要这五个步骤不可，少一个行不行，前人是怎样想出这五个步骤来的。这样的思考非常重要，因为科学研究的目的在于发明或发现一些东西。如果人家发明一样东西摆在你前面，你连别人的发明过程都不能了解，那你又怎样能够进一步创造出新东西呢？好比瓷器，别人怎样烧出来的，我们都不理解，那我们怎能去发明新瓷器呢？在资本主义国家里，流行着对科学家发明的神秘化宣传，说什么牛顿发明万有引力定律，是由于偶然看见树上一个苹果落地，灵机一动的结果，这真是胡说八道。苹果落地的事实，自有人类以来便已有了，为什么许多人看见，没有发现而只有牛顿才发现万有引力呢？其实牛顿不是光看苹果落地，而是抓住了开普勒的天体运行规律和伽利略的物体落地定律，经过长期的深思熟虑，一旦碰到自然界的现象，便很容易透视出它的本质了。所以对关键性的定理的获得过程，必须要有透彻的了解及熟练的掌握，才能指望科学上有所进展。再申明一下，这里谈的关键并不是指各种问题的关键，而是你所研究的工作中的主要关键。

其次，关于资料问题。搞研究工作既然要广泛吸取前人的经验，那就必须占有充分资料。如果是搞一个空白的科学部门，这门科学中国过去还没有或很少有人研究过，那查资料就会发生很大的困难。在这里我想与其谈一些空洞的原则让大家去摸，不如讲得具体些，但是愈具体错的可能性就愈大，希望大家斟酌着办，不要为我这建议所误。我觉得，如果有导师指导的话，那他就可以告诉你这门科学过去有谁搞过，大致有些什么资料或著作(具体材料他也不可能知道)，然后你可按这线索去寻找，这样做当然还比较好办。如果没有导师，只派你一个人去建立这个新部门，那应该怎么办呢？

我想首先要了解这门科学在世界上最有权威的是哪些人或哪些学派,然后拿这些人近年来发表的文章来看。起初很可能看不懂,原因大致有两种:第一,他所引证的教科书,过去我们没有念过。这很好,从这里知道我们还有哪些基础未打好,需要补课;第二,他引证了许多旁人的著作。这些著作我们不一定全部要看,但可以从这位科学家提供的线索开始,按他引证的书一步步扩大,从他研究的基础一步步前进。这样时间也不致花得太长,有的花一二年,有的三五年就可以知道个轮廓了。

谈谈中学数学教材问题[①]

数学的重要性是人所共知的。凡是有量的关系的地方都少不了数学。任何一门学问，如果要涉及量，涉及量与量的关系，如果要精确地描绘这些关系，就一定会出现数学问题。既提成为数学问题，那么，数学上的方法和结论，都成为那一门学问的财富，所以数学是研究任何一门自然科学的良好工具，掌握了它，就能有助于我们进入其他自然科学的领域。

另一方面，数学也不能代替其他自然学科。数学的价值，在于它有应用。一个原则，一个公式，结合不同的情况，就有不同的意义和作用。如果把数学和它的应用割裂开来，就数学而谈数学，那就毫无意义了，当然也就无从判断其重要性了。数学本身并不存在重要与不重要之争，它的所以重要是由于它的应用广泛，它的随处可见，以及它的精确可靠。

假使学了算术，不会斤求两，两求斤；学了几何不会算面

① 原载于1958年第7期《中学教师》。

积，都是十分可虑的开端。这种“割裂”的情况——不能把所学到的知识立刻运用，立刻联系实际的做法，是不应当让它存在的。对学生说来，如果养成了这样坏的习惯，将是社会主义建设中的巨大损失，说得严重一些，这是滋长理论脱离实际的温床。

我对中学里的教材，并不十分熟悉，下面提出的意见，可能很不妥当。

我们似乎是用了中小学共十二年的时间，教授了苏联学校里十年中所学的内容。这和“多、快、好、省”的原则是不符合的。我不知道中小学为什么要十二年。有人说，我们的文字难(?)，所以我们要用十二年。即使如此，我们在数学教材方面为什么要十二年时间来教苏联十年中所教的教材呢？数学对我们和对苏联人，其难易是一样的，我们何必多花两年。所以我的不成熟的意见是，如果我们仍旧维持中小学共十二年的教学制度，我们应当使数学教学的内容做到真正符合于十二年的教学年限，换言之，在苏联十年制的内容之外，再添上两年的数学教材。

至于应当加什么科目，我首先想到的是解析几何。为什么如此建议呢？因为这一门课是初等代数和初等几何的有机综合。它是用代数方法研究几何性质的学问，也是用几何图形来说明代数式的意义的学问。同时也是用图象表示客观现象，研究客观事物消长的有效工具。这样一门课程，正是中学数学的一个总结，同时，也是进入高等数学领域的第一级阶梯。

不但如此，现在由于在中学里不教解析几何，在高等学校里的教学中就发生了困难。例如微积分的学习，必须以解析几何为基础，而大学物理中又必须用到微积分。大学物理是高等学校一年级的课程，因此就无法安排得很恰当。这给理科和工科都带来了很大的困难。如果能在中学阶段里学完解析几何，就能提高高等学校里的教学效果。

中学里能否在解析几何之外，再添微积分大意，这恐怕要看整个数学课程的安排和师资条件来决定。不过有一点可以提一下，就是如果在讲授解析几何的时候，把一些极限的概念和微分的基本实质，启发性地提一下，也无不可，并且可以为学生进一步学习微积分开辟道路。

另一个似乎可以考虑增加的内容是，概率初步（或称“几率”、“或然率”）。我们知道用数学来描绘客观世界有两种方法：其一是描绘必然性规律的，所用的工具一般是方程式和等式；另一种是描绘大量现象的，表达这种现象的工具是概率。能够早一些了解“概率”概念和掌握有关概率的初步运算法则，这是非常重要的。这些东西并不难学，具有了这方面的知识后，对于非必然现象的了解会有很大的帮助。这对于配种遗传，对于产品质量的控制，都是有关的。

其次可以考虑增加的内容是代数中的秦九韶法(即西洋所称的 Horner 方法)。这不但是我国古代数学史上一件极为光辉的成就,即使现在,也是算代数方程的根的重要方法。我曾经看见不少人学了很多数学,然而不会算术 2 的五次方根,这不但暴露出他们掌握数学知识中的严重缺点,也愧对我们一千年前的先辈。

再次,有人主张在代数中增添行列式和消去法的内容;在平面几何、立体几何及三角中充实一些测量应用计算题。这些建议我认为都是很好的。在立体几何教学中培养青年的空间直观的问题,也是特别值得注意的。

另外,我还要提出这样的意见,就是中学生必须培养成一种"肯想善算"的习惯,据目前一般情况看来,这方面似乎注意得不够的。应当让学生知道,不通过计算,数学知识是不可能和实际结合起来的。为了使我们所学来的数学知识不致于白费,为了使我们的数学教学能和祖国的社会主义建设事业密切联系起来,我们必须在中学阶段培养好学生"能算善想"的习惯。当然,所说的"算"并不止于"演算草",而是珠算、心算都能熟练。特别是珠算,是我国极结合实际的运算工具,掌握了这种工具的使用方法,在实际工作中将有极大的方便。所说的"善想",也并不仅限于善想数学难题,而更重要的是善于把客观事物想成数学问题。

对于数学教材中某些衔接部分的重复,我还有一些不成熟的意见。我同意这种看法，就是简单的重复是没有太大的意义的。但是更高一级的反复是无可厚非，而且是完全必要的。例如初中代数学一年后，教高中代数时，再来一次从头讲起，并不能算浪费时间。因为在这时讲到初中部分的内容时，只要花原来学习时间的十分之一，但可以帮助学生复习和提高，使他们把书“愈念愈薄”，而不是“愈念愈厚”，把知识搞得更精炼，更易于掌握，而不是在知识上堆知识，庞杂无章。

另一方面，初高中教材里有一部分内容，是可以精简的。如几何难题似乎不必做得太多；算术和代数，应当互相更渗透些，等等。一些有关具体细节的问题，在此就不一一提出了。

大哉数学之为用[①]

数与量

数(读作 shù)起源于数(读作 shǔ),如一、二、三、四、五……,一个、两个、三个……。量(读作 liàng)起源于量(读作 liáng)。先取一个单位作标准,然后一个单位一个单位地量。天下虽有各种不同的量(各种不同的量的单位如尺、斤、斗、秒、伏特、欧姆和卡路里等),但都必须通过数才能确切地把实际的情况表达出来。所以"数"是各种各样不同量的共性,必须通过它才能比较量的多寡,才能说明量的变化。

"量"是贯穿一切科学领域之内的,因此数学的用处也就渗透到一切科学领域之中。凡是要研究量、量的关系、量的变化、量的关系的变化、量的变化的关系的时候,就少不了数学。不仅如此,量的变化还有变化,而这种变化一般也是用量来刻画的。例如,速度是用来描写物体的变化的动态的,

① 本文曾于 1959 年 5 月 28 日发表在《人民日报》上。后曾以"数学的用场与发展"为题转载在《现代科学技术简介》(科学出版社,1978 年)上。转载时,作者认为时代已有很大发展,内容要重新修改补充。由于时间仓促,只能根据他的口述笔录对原稿加以整理发表。他再三提出,希望听取各方面的宝贵意见,以便在适当时候对这篇文章加以补充修改。

而加速度则是用来刻画速度的变化。量与量之间有各种各样的关系,各种各样不同的关系之间还可能有关系。为数众多的关系还有主从之分——也就是说,可以从一些关系推导出另一些关系来。所以数学还研究变化的变化、关系的关系、共性的共性,循环往复,逐步提高,以至无穷。

数学是一切科学得力的助手和工具。它有时由于其他科学的促进而发展,有时也先走一步,领先发展,然后再获得应用。任何一门科学缺少了数学这一项工具便不能确切地刻画出客观事物变化的状态,更不能从已知数据推出未知的数据,因而就减少了科学预见的可能性,或者减弱了科学预见的精确度。

恩格斯说:“纯数学的对象是现实世界的空间形式和数量关系。”数学是从物理模型抽象出来的,它包括数与形两方面的内容。以上只提要地讲了数量关系,现在我们结合宇宙之大来说明空间形式。

宇宙之大

宇宙之大,宇宙的形态,也只有通过数学才能说得明白。天圆地方之说,就是古代人民用几何形态来描绘客观宇宙的尝试。这种“苍天如圆盖,陆地如棋局”的宇宙形态的模型,后来被航海家用事实给以否定了。但是,我国从理论上对这一模型提出的怀疑要早得多,并且也同样地有力。论点是:

“混沌初开，乾坤始奠，气之轻清上浮者为天，气之重浊下凝者为地。”但不知轻清之外，又有何物？也就是圆盖之外，又有何物？“三十三天之上”又是何处？要想解决这样的问题，就必须借助于数学的空间形式的研究。

四维空间听来好像有些神秘，其实早已有之，即以“宇宙”二字来说，“往古来今谓之宙，四方上下谓之宇”(《淮南子·齐俗训》)，就是说宇是东西、南北、上下三维扩展的空间，而宙是一维的时间。牛顿时代对宇宙的认识也就是如此。宇宙是一个无边无际的三维空间，而一切的日月星辰都安排在这个框架中运动。找出这些星体的运动规律是牛顿的一大发明，也是物理模型促进数学方法，而数学方法则是用来说明物理现象的一个好典范。由于物体的运动不是等加速度，要描绘不是等加速度，就不得不考虑速度时时在变化的情况，于是微商出现了。这是刻画加速度的好工具。由牛顿当年一身而二任焉，既创造了新工具——微积分，又发现了万有引力定律。有了这些，宇宙间一切星辰的运动初步统一地被解释了。行星凭什么以椭圆轨道绕日而行的，何时以怎样的速度达到何处等，都可以算出来了。

有人说西方文明之飞速发展是由于欧几里得几何的推理方法和进行系统试验的方法。牛顿的工作也是逻辑推理的一个典型。他用简单的几条定律推出整个力学系统，大至解释天体的运行，小到造房、修桥、杠杆、称物都行。但是人们在认识自然界时建立的理论总是不会一劳永逸、完美无缺的,牛顿力学不能解释的问题还是有的。用它解释了行星绕日公转,但行星自转又如何解释呢?地球自转一天 24 小时有昼有夜。水星自转周期和公转一样,半面永远白天,半面永远黑夜。一个有名的问题:水星进动每百年 42″,是牛顿力学无法解释的。

爱因斯坦不再把“宇”、“宙”分开来看,也就是时间也在进行着。每一瞬间三维空间中的物质占有一定的位置。他根据麦克斯韦-洛伦兹的光速不变假定,并继承了牛顿的相对性原理而提出了狭义相对论。狭义相对论中的洛伦兹变换把时空联系在一起,当然并不是消灭了时空特点。如向东走三里,再向西走三里,就回到原处,但时间则不然,共用了走六里的时间,时间是一去不复返地流逝着。值得指出的是有人推算出狭义相对论不但不能解释水星进动问题,而且算出的结果是“退动”。这是误解。我们能算出进动 28″,即客观数的三分之二。另外,有了深刻的分析,反而能够浅出,连微积分都不用,并且在较少的假定下,就可以推出爱因斯坦狭义相对论的全部结果。

爱因斯坦进一步把时、空、物质联系在一起,提出了广义相对论,用它可以算出水星进动是 43″,这是支持广义相对论的一个有力证据。由于证据还不多,因此对广义相对论还有不少看法,但它的建立有赖于数学上的先行一步。如先有了黎曼几何。另一方面,它也给数学提出了好些到现在还没有解决的问题。对宇宙的认识还将有多么大的进展,我不知道,但可以说,每一步都是离不开数学这个工具的。

粒子之微

佛经上有所谓“金粟世界”,也就是一粒粟米也可以看作一个世界。这当然是佛家的幻想。但是我们今天所研究的原子却远远地小于一粒粟米,而其中的复杂性却不亚于一个太阳系。

即使研究这样小的原子核的结构也还是少不了数学。描述原子核内各种基本粒子的运动更是少不了数学。能不能用处理普遍世界的方法来处理核子内部的问题呢?情况不同了!在这里,牛顿的力学,爱因斯坦的相对论都遇到了困难。目前人们应用了另一套数学工具,如算子论,群表示论,广义函数论等。这些工具都是近代的产物。即使如此,也还是不能完整地说明它。

在物质结构上不管分子论、原子论也好,或近代的核子结构、基本粒子的互变也好,物理科学虽然经过了多次的概念革新,但自始至终都和数学分不开。不但今天,就是将来,也有一点是可以肯定的,就是一定还要用数学。

是否有一个统一的处理方法,把宏观世界和微观世界统一在一个理论之中，把四种作用力统一在一个理论之中，这是物理学家当前的重大问题之一。不管将来他们怎样解决这个问题，但是处理这些问题的数学方法必须统一。必须有一套既可以解释宏观世界又可以解释微观世界的数学工具。数学一定和物理学刚开始的时候一样，是物理科学的助手和工具。在这样的大问题的解决过程中，也可能如牛顿同时发展天体力学和发明微积分那样，促进数学的新分支的创造和形成。

火箭之速

在今天用“一日千里”来形容慢则可，用来形容快则不可了！人类可创造的物体的速度远远地超过了“一日千里”。飞机虽快到日行万里不夜，但和宇宙速度比较，也显得缓慢得多。古代所幻想的朝昆仑而暮苍梧，在今天已不足为奇。

不妨回忆一下，在星际航行的开端——由诗一般的幻想进入科学现实的第二步，就是和数学分不开的。早在牛顿时代就算出了每秒钟近八公里的第一宇宙速度，这给科学技术工作者指出了奋斗目标。如果能够达到这一速度，就可以发射地球卫星。1970 年我国发射了第一颗人造卫星。数学工作者自始至终都参与这一工作（当然，其中不少工作者不是以数学工作者见称，而是运用数学工具者）。人造行星环绕太阳运行所必须具有的速度是 11.2 公里/秒，称为第二宇宙速度;脱离太阳系、飞向恒星际空间所必须具有的速度是16.7 公里/秒,称为第三宇宙速度。这样的目标,也将会逐步去实现。

顺便提一下,如果我们的宇宙航船到了一个星球上,那儿也有如我们人类一样高级的生物存在。我们用什么东西作为我们之间的媒介?带幅画去吧,那边风景殊,不了解。带一段录音去吧,也不能沟通。我看最好带两个图形去。一个"数",一个"数形关系"(勾股定理)(图 1 和图 2)。

为了使那里较高级的生物知道我们会几何证明,还可送去下面的图形,即"青出朱入图"(图 3)。这些都是我国古代数学史上的成就。

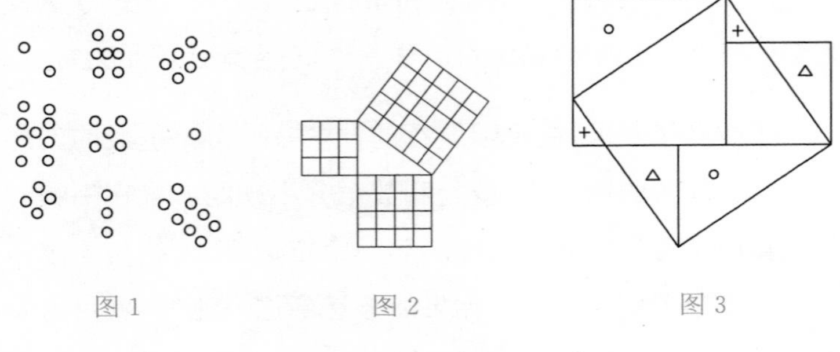

图 1　　图 2　　图 3

化工之巧

化学工业制造出的千千万万种新产品,使人类的物质生活更加丰富多彩,真是"巧夺天工","巧夺造化之工"。在制造过程中,它的化合与分解方式是用化学方程来描述的,但它是在变化的,因此,伟大革命导师恩格斯明确指出:“表示物体的分子组合的一切化学方程式,就形式来说是微分方程式。但是这些方程式实际上已经由于其中所表示的原子量而积分起来了。化学所计算的正是量的相互关系为已知的微分。”

为了形象化地说明,例如,某种物质中含有硫,用苯提取硫。苯吸取硫有一定的饱含量,在这个过程中,苯含硫越多则越难再吸取硫,剩下的硫越少则越难被苯吸取。这个过程时刻都在变化,吸收过程速度在不断减慢。试验本身便是这个过程的积分过程,它的数学表达形式就是微分方程式及其求解。简单易作的过程我们可以用试验去解决,但对于复杂、难作的过程,则常常需要用数学手段来加以解决。特别是选取最优过程的工艺,数学手段更成为必不可少的手段。特别是量子化学的发展,使得化学研究提高到量子力学的阶段,数学手段——微分方程及矩阵、图论更是必需的数学工具。

应用了数学方法还可使化学理论问题得到极大的简化。例如,对于共轭分子的能级计算,在共轭分子增大时十分困难。应用了分子轨道的图形理论,由图形来简化计算,取得了十分直观和易行的效果，便是一例，其主要根据是如果一个行列式中的元素为 0 的多，就可以用图论来简化计算。

地球之变

我们所生活的地球处于多变的状态之中，从高层的大气，到中层的海洋，下到地壳，深入地心都在剧烈地运动着，而这些运动规律的研究也都用到数学。

大气环流，风云雨雪，天天需要研究和预报，使得农民可以安排田间农活，空中交通运输可以安排航程。飓风等灾害性天气的预报，使得海军、渔民和沿海地区能够及早预防，减少损害。而所有这些预报都离不了数学。

“风乍起，吹皱一池春水。”风和水的关系自古便有记述。“无风不起浪”，但是风和浪的具体关系的研究，则是近代才逐步弄清的，而在风与浪的关系中用到了数学的工具，例如偏微分方程的间断解的问题。

大地每年有上百万次的地震，小的人感觉不到，大的如果发生在人烟稀少的地区，也不成大灾。但是每年也有几次在人口众多的地区的大震，形成大灾。对地壳运动的研究，对地震的预报，以及将来进一步对地震的控制都离不开数学。

生物之谜

生物学中有许许多多的数学问题。蜜蜂的蜂房为什么要像如下的形式(图 4),一面看是正六角形,另一面也是如此。但蜂房并不是六棱柱,而它的底部是由三个菱形所拼成的。图 5 是蜂房的立体图。这个图比较清楚,更具体些,拿一支六棱柱的铅笔未削之前,铅笔一端形状是 $ABCDEF$ 正六角形(图 6)。通过 AC,一刀切下一角,把三角形 ABC 搬置 AOC 处。过 AE,CE 也如此同样切两刀,所堆成的形状就是图 7,而蜂巢就是两排这样的蜂房底部和底部相接而成。

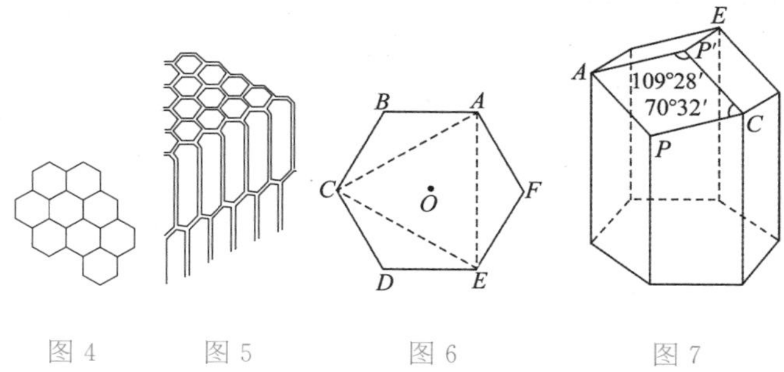

图 4　　图 5　　图 6　　图 7

关于这个问题有一段趣史:巴黎科学院院士、数学家克尼格,从理论上计算,为使消耗材料最少,菱形的两个角度应该是 109°26′ 和 70°34′。与实际蜜蜂所做出的仅相差 2′。后来苏格兰数学家马克劳林重新计算,发现错了的不是小小的蜜蜂,而是巴黎科学院院士,因克尼格用的对数表上刚好错了一个字。这十八世纪的难题,1964 年我用它来考过高中生,不少高中生提出了各种各样的证明。

这一问题,我写得篇幅略长些,目的在于引出生物之谜中的数学,另一方面也希望生物学家给我们多提些形态的问题,蜂房与结晶学联系起来,这是"透视石"的晶体。

再回到化工之巧,有多少种晶体可以无穷无尽、无空无隙地填满空间,这又要用到数学。数学上已证明,只有230种。

还有如胰岛素的研究中,由于立体模型复杂,也用了复杂的数学计算。生物遗传学中的密码问题是研究遗传与变异这一根本问题的,它的最终解决必然要考虑到数学问题。生物的反应用数学加以描述成为工程控制论中"反馈"的泉源。神经作用的数学研究为控制论和信息论提供了现实的原型。

日用之繁

日用之繁,的确繁,从何谈起真为难!但也有容易处。日用之繁与亿万人民都有关,只要到群众中去,急工农之所急,急生产和国防之所急,不但可以知道哪些该搞,而且知道轻重缓急。群众是真正的英雄,遇事和群众商量,不但政治上有提高,业务上也可以学到书本上所读不到的东西。像我这样自学专攻数学的,也在各行各业师傅的教育下,学到了不少学科的知识，这是一个大学一个专业中所学不到的。

我在日用之繁中搞些工作始于 1958 年，但真正开始是 1964 年接受毛主席的亲笔指示后。并且使我永远不会忘记的是在我刚迈出一步写了《统筹方法平话》下到基层试点时，毛主席又为我指出“不为个人，而为人民服务，十分欢迎”的奋斗目标。后来在周总理关怀下又搞了《优选法》。由于各省、市、自治区的领导的关怀，我曾有机会到过二十个省、市、自治区，下过数以千计的工矿农村，拜得百万工农老师，形成了有工人、技术人员和数学工作者参加的普及、推广数学方法的小分队。通过群众性的科学试验活动证明，数学确实大有用场，数学方法用于革新挖潜，能为国家创造巨大的财富。回顾以往，真有“抱着金饭碗讨饭吃”之感。

由于我们社会主义制度的优越性，在这一方面可能有我们自己的特点，不妨结合我的体会多谈一些。

统筹方法不仅可用于一台机床的维修、一所房屋的修建、一组设备的安装、一项水利工程的施工，更可用于整个企业管理和大型重点工程的施工会战。大庆新油田开发，万人千台机的统筹，黑龙江省林业战线采、运、用、育的统筹，山西省大同市口泉车站运煤统筹，太原铁路局太钢和几个工矿的联合统筹，还有一些省、市、自治区公社和大队的农业生产统筹等，都取得了良好效果。看来统筹方法宜小更宜大。大范围的过细统筹效果更好。特别是把方法交给广大群众，结合具体实际，大家动手搞起来，由小到大、由简到繁，在普及的基础上进一步提高，收效甚大。初步设想可以概括成十二个字：大统筹，理数据，建系统，策发展，使之发展成一门学科——统筹学，以适应我国具体情况，体现我们社会主义社会的特点。统筹的范围越大，得到和用到的数据也越多。我们不仅仅是消极地统计这些数据，而且还要从这些数据中取出尽可能多的信息来作为指导。因此数据处理提到了日程上来。数据纷繁就要依靠电子计算机。新系统的建立和旧系统的改建和扩充，都必须在最优状态下运行。更进一步就是策发展，根据今年的情况，明年如何发展才更积极又可靠，使国民经济的发展达到最大可能的高速度。

优选法是采用尽可能少的试验次数，找到最好方案的方法。优选学作为这类方法的数学理论基础，已有初步的系统研究。实践中，优选法的基本方法，已在大范围内得到推广，目前在我国化工、电子、冶金、机械、轻工、纺织、交通、建材等方面都有较广泛的应用。在各级党委的领导下，大搞推广应用优选法的群众活动，各行各业搞，道道工序搞，短期内就可以应用优选法开展数以万计项目的试验，使原有的工艺水平普遍提高。在不添人、不增设备、不加或少加投资的情况下，就可收到优质、高产、低耗的效果。例如，小型化铁炉，优选炉形尺寸和操作条件，可使焦铁比一般达 1∶18。机械加工，优选刀具的几何参数和切削用量，工效可成倍提高。烧油锅炉，优选喷枪参数，可以达到节油且不冒黑烟。小化肥工厂搞优选，既节煤又增产。在大型化工设备上搞优选，提高收率，潜力更大。解放牌汽车优选了化油器的合理尺寸，一辆汽车一年可节油一吨左右，全国现有民用汽车都来推广，一年就可节油六十余万吨。粮米加工优选加工工艺，一般可提高出米率百分之一、二、三，提高出粉率百分之一。若按全国人数的口粮加工总数计算，一年就等于增产几亿斤粮食。

最好的生产工艺是客观存在的，优选法不过是提供了认识它的、尽量少做试验、快速达到目的的一种数学方法。

物资的合理调配，农作物的合理分布，水库的合理排灌，电网的合理安排，工业的合理布局，都要用到数学才能圆满解决，求得合理的方案。总之一句话，在具有各种互相制约、互相影响的因素的统一体中，寻求一个最合理(依某一目的，如最经济，最省人力)的解答便是一个数学问题，这就是“多、快、好、省”原则的具体体现。所用到的数学方法很多，其中确属适用者我们也准备了一些，但由于林彪、“四人帮”一伙的干扰破坏，没有力量进行深入的工作。今天，在开创社会主义建设事业新局面的同时，数学研究和应用也必将出现一个崭新的局面。

数学之发展

宇宙之大，粒子之微，火箭之速，化工之巧，地球之变，生物之谜，日用之繁，无处不用数学。其他如爱因斯坦用了数学工具所获得的公式指出了寻找新能源的方向，并且还预示出原子核破裂发生的能量的大小。连较抽象的纤维丛也应用到了物理当中。在天文学上，也是先从计算上指出海王星的存在，而后发现了海王星。又如高速飞行中，由次音速到超音速时出现了突变，而数学上出现了混合型偏微分方程的研究。还有无线电电子学与计算技术同信息论的关系，自动化与控制技术同常微分方程的关系，神经系统同控制论的关系，形态发生学与结构稳定性的关系等等不胜枚举。

数学是一门富有概括性的学问。抽象是它的特色。同是一个方程，弹性力学上是描写振动的，流体力学上却描写了流体动态，声学家不妨称它是声学方程，电学家也不妨称它为电报方程，而数学家所研究的对象正是这些现象的共性的一面——双曲型偏微分方程。这个偏微分方程的性质就是这些不同对象的共同性质，数值的解答也将是它所联系的各学科中所要求的数据。

不但如此，这样的共性，一方面可以促成不同分支产生统一理论的可能性，另一方面也可以促成不同现象间的相互模拟性。例如，声学家可以用相似的电路来研究声学现象，这大大地简化了声学试验的繁重性。这种模拟性的最普遍的应用便是模拟电子计算机的产生。根据神经细胞有兴奋与抑制两态,电学中有带电与不带电两态,数学中二进位数的0与1、逻辑中的“是”与“否”,因而有用电子数字计算机来模拟神经系统的尝试,及模拟逻辑思维的初步成果。

我们作如上的说明,并不意味着数学家可以自我陶醉于共性的研究之中。一方面我们得承认,要求数学家深入到研究对象所联系的一切方面是十分困难的,但是这并不排斥数学家应当深入到他所联系到的为数众多的科学之一或其中的一部分。这样的深入是完全必要的。这样做既可以对国民经济建设做出应有的贡献,而且就是对数学本身的发展也有莫大好处。

客观事物的出现一般来讲有两大类现象。一类是必然的现象——或称因果律,一类是大数现象——或称机遇律。表示必然现象的数学工具一般是方程式,它可以从已知数据推出未知数据,从已知现象的性质推出未知现象的性质。通常出现的有代数方程,微分方程,积分方程,差分方程等(特别是微分方程)。处理大数现象的数学工具是概率论与数理统计。通过这样的分析便可以看出大势所趋,各种情况出现的比例规律。

数学的其他分支当然也可以直接与实际问题相联系。

例如,数理逻辑与计算机自动化的设计,复变函数论与流体力学,泛函分析、群表示论与量子力学,黎曼几何与相对论,等等。在计算机设计中也用到了数论。一般说来,数学本身是一个互相联系的有机整体,而上面所提到的两方面是与其他科学接触最多,最广泛的。

计算数学是一门与数学的开始而俱生的学问,不过今天由于快速大型计算机的出现特别显示出它的重要性。因为对象日繁,牵涉日广(一个问题的计算工作量大到了前所未有的程度)。解一个一百个未知数的联立方程是今天科学中常见的(如水坝应力,大地测量,设计吊桥,大型建筑等),仅靠笔算就很困难。算一个天气方程,希望从今天的天气数据推出明天的天气数据,单凭笔算要花成年累月的时间。这样算法与明天的天气何干?一个讽刺而已!电子计算机的发明就满足了这种要求。高速度、大存储量的计算机的发展改变了科学研究的面貌,但是近代的电子计算机的出现丝毫没有减弱数学的重要性,相反地更发挥数学的威力,对数学的要求提得更高。繁重的计算劳动减轻了或解除了,而创造性的劳动更多了。计算数学是一个桥梁,它把数学的创造同实际结合起来。同时它本身也是一个创造性的学科。例如推动了一个新学科计算物理学的发展。

除掉上面所特别强调的分支以外,并不是说数学的其余部分就不重要了。只有这些重点部门与其他部分环环扣紧,把纯数学和应用数学都分工合作地发展起来,才能既符合我国当前的需要,又符合长远需要。

从历史上数学的发展的情况来看,社会愈进步,应用数学的范围也就会愈大,所应用的数学也就愈精密,应用数学的人也就愈多。在日出而作、日落而息的古代社会里,会数数就可以满足客观的需要了。后来由于要定四时,测田亩,于是需要窥天测地的几何学。商业发展,计算日繁,便出现了代数学。要描绘动态,研究关系的变化、变化的关系,因而出现了解析几何学、微积分等。

数学的用处在物理科学上已经经过历史考验而证明。它在生物科学和社会科学上的作用也已经露出苗头,存在着十分宽广的前途。

最后,我得声明一句,我并不是说其他科学不重要或次重要。应当强调的是,数学之所以重要正是因为其他科学的重要而重要的,不通过其他学科,数学的力量无法显示,更无重要之可言了。

需要指出的是,“四人帮”为了复辟资本主义,疯狂地破坏生产,破坏科学技术的发展,他们既破坏理论研究工作,更疯狂地打击从事应用数学的工作者。他们的遗毒需要彻底清除,不可低估。为了实现“四个现代化”,把我国建成强大的社会主义国家这一伟大目标,发展数学的重要性是无可置辩的。

学·思·锲而不舍[①]

最近以来，青年同学都响应党的号召，加强了学习，学校的读书空气较前更加浓厚了。这是很可喜的现象。现在我想在这里就同学们的学习问题，提出几点粗浅的意见，和大家共同讨论。

要学会自学

青年同学们从小学而中学而大学，读书都读了十多年了，而我现在还是首先提出“要学会读书”，这岂不奇怪？其实，并不奇怪。学会读书，并不简单。而我个人在这方面也还是处于不断摸索、不断改进的过程之中。切不要以为“会背会默，滚瓜烂熟”，便是读懂书了。如果不逐步提高，不深入领会，那又与和尚念经有何差异呢！我认为，同学们在校学习期间，学会读书与学得必要的专业知识是同等重要的。学会读书不但保证我们在校学习好，而且保证我们将来能够

① 本文根据作者在中国科技大学开学典礼上的讲话，经补充修改而成。原载于1961年21期《中国青年》。

永远不断地提高。我们的一生从事工作的时间总是比在校学习时间长些,而且长得多。一个青年即使他没有大学毕业或中学毕业,但如果他有了自学的习惯,他将来在工作上的成就就不会比大学毕业的人差。与此相反,如果一个青年即使读到了大学毕业,甚至出过洋,拜过名师,得过博士,如果他没有学会自己学习,自己钻研,则一定还是在老师所划定的圈子里团团转,知识领域不能扩大,更不要说科学研究上有所创造发明了。

应该怎样学会读书呢?我觉得,在学习书本上的每一个问题、每一章节的时候,首先应该不只看到书面上,而且还要看到书背后的东西。这就是说,对书本的某些原理、定律、公式,我们在学习的时候,不仅应该记住它的结论,懂得它的道理,而且还应该设想一下人家是怎样想出来的,经过多少曲折,攻破多少关键,才得出这个结论的。而且还不妨进一步设想一下,如果书本上还没有作出结论,我自己设身处地,应该怎样去得出这个结论?恩格斯曾经说过:"我们所需要的,与其说是赤裸裸的结果,不如说是研究;如果离开引向这个结果的发展来把握结果,那就等于没有结果。"我们只有了解结论是怎样得来的,才能真正懂得结论。只有不仅知其然,而且还知其所以然,才能够对问题有透彻的了解。而要做到这点,就要求我们对书本中的每一个问题,一天没有学懂,就要再研习一天,一章没懂,就不要轻易去学第二章。这样学虽然慢些,但却能收到实效。我在年轻时,看书就犯过急躁的毛病,手拿一本书几下就看完了。最初看来似乎有成绩,而一旦应用时,却是一锅夹生饭,不能运用自如了。好在我当时仅有很少的几本书,我接受了教训,又将原书不断深入地学习(注意,并不是“简单地重复”),才真正有所进益。

如果说前一步的工作可以叫作“支解”的工作,那么,第二步我们就需要做“综合”的工作。这就是说,在对书中每一个问题都经过细嚼慢咽,真正懂得之后,就需要进一步把全书各部分内容串连起来理解,加以融会贯通,从而弄清楚什么是书中的主要问题,以及各个问题之间的关联。这样我们就能抓住统帅全书的基本线索,贯穿全书的精神实质。我常常把这种读书过程,叫作“从厚到薄”的过程。大家也许都有过这样的感觉:一本书,当未读之前,你会感到,书是那么厚,在读的过程中,如果你对各章各节又作深入的探讨,在每页上加添注解,补充参考材料,那就会觉得更厚了。但是,当我们对书的内容真正有了透彻的了解,抓住了全书的要点,掌握了全书的精神实质以后,就会感到书本变薄了。愈是懂得透彻,就愈有薄的感觉。这是每个科学家都要经历的过程。这样,并不是学得的知识变少了,而是把知识消化了。青年同学读书要学会消化。我常见有些同学在考试前要求老师指出重点,这就反映了他们读书还没有抓住重点,还没有消化。靠老师指出重点不是好办法,主要的应当是自己抓重点。

我们在读一本书时，还要把它和我们过去学到的知识去作比较，想一想这一本书给我添了些什么新的东西。每当看一本新书时，对自己原来已懂的部分，就可以比较快地看过去；要紧的，是对重点的钻研；对自己来说是新的东西用的力量也应当更大些。在看完一本书后，并不是说要把整本书都装进脑子里去，而仅仅是添上几点前所不知的新方法、新内容。这样做印象反而深刻，记忆反而牢固。并且，学得愈多，懂得的东西愈多，知识基础愈厚，读书进度也就可以大大加快。

要学会独立思考

前面所谈的关于读书的方法，实际上也就是在学习过程中培养独立思考的能力。我们的事业总是在飞跃向前发展的，同学们毕业以后，无论从事哪一项工作，都必然要经常碰到许多新问题。在我们一生中，碰到新问题，能够在书本上找出现成的答案，这种情况是比较少的。更多的是需要我们充分发挥独立思考的能力，善于灵活运用书本知识去解决新的问题。对于从事科学研究的人来说，从事科学研究的目的就是要去发掘前人未发现的东西。历史上的任何一个较重要的科学发明创造，都是发明者独立地、深入地研究问题的结果。因此青年同学们在学校里学习的时候，就应该注意培养独立思考的习惯。

要独立思考，就是说，一方面要继承前人的成就，而另一方面,又不要受前人的束缚。一个人如果不接受前人的成就,就自以为是地去瞎摸乱撞,是一定会走弯路的。很可能自己辛辛苦苦地研究了很长的时间,以为有了什么新的发现,但这所谓新的发现,却是在几十年前别人就早已发现的了,结果白费了力气。不接受前人成就,有时甚至还会使我们钻进牛角尖出不来。比如有的人今天还企图在数学方面,用圆规、直尺经过有限步骤三等分任意角,在物理方面搞永动机等,就是这方面的例子。这些设想都早已证明是违反科学的。历来的最善于创造的伟大科学家们,也都是最善于吸取他们前人的成就的。牛顿就说过:他之所以在科学上有重大成就,就是因为他是站在巨人的肩上,在前人科学成就的基础上进行创造。在我们的生活中也常可以看到,那些善于虚心学习的青年,他们在学习上的进展也往往会比别人快得多。接受前人成就,一般说来,又很容易给自己思想上带来一些束缚,只有在接受前人成就的基础上,而又能独立思考,才不会被前人牵着鼻子走,能够提出并解决一些前人未考虑的问题,对于前人的结论,包括一些研究过问题的方法,也才能加以发展和补充甚至于抛弃。其实不仅想超过前人,需要我们独立思考,今天我们在科学研究上要赶上并超过一些先进国家,如果没有独创精神,不去探索更新的道路,只是跟着别人的脚印走路,也总会落后别人一步;要想赶过别人,非有独创精神不可。

独立思考必须是敢想敢干和实事求是的精神相结合。搞科学研究工作的人，应该敢于破除迷信，解放思想，海阔天空地想。不敢想怎么能有新的发明和创造呢？但是科学上的美丽设想，都必须和研究工作中的实事求是的精神相结合，才有可能成为现实。就以飞向宇宙的事情而论，在很早中国一些小说、诗歌与传说里，就有过许多关于这种浪漫主义的幻想。但是只有在距今百多年以前，俄国科学家齐奥可夫斯基才想到用火箭的办法“上天”，而在以后人们又经过了许多辛勤的研究，才解决了火箭上天的动力等一系列问题，上天的美丽幻想才终于成了现实。在科学研究工作中，可贵的不仅在于敢于设想，而且还在于能够脚踏实地地把设想逐步变成现实。

培养独立思考能力，需要我们经常自觉地进行锻炼。要肯于动脑筋，碰到问题都要想一想。比如报上刊载了苏联要向太平洋发射火箭的消息，我们学数学的人，就不妨根据苏联所公布的发射区域的四个点，来计算一下火箭发射处在什么地方，射程多少，精确程度如何，等等。这样常想问题，有些问题想了，当时可能没有什么大用，但却有助于我们养成思考问题的良好习惯。科学上的发现都是日积月累长期辛勤思考的结果，都是每一步看来不难，但却是步步积累的结果。我们在平时是否经常思考问题，在解决科学研究的重大问题时，是会明显地见出高低的。解决任何一个科学上的重大问题都必须突破重重困难，而对于一个平常注意思考问题的人来说，由于有些问题他早已想过，很可能只剩下少数几个大关口需要突破。这样的人搞起研究来，就可以比别人少用时间，而且他也有可能比别人看得更远，想得更深更透。

妨碍我们经常思考问题的原因，不外有二：一是怕难，二是把许多问题都看得很容易。怕难的人，碰见问题还没有动脑子想，就先觉得困难重重，这样自然就不会去想了。把问题看得很容易的人，许多问题他都觉得值不得去想，也就杜绝了深入研究问题与发现新问题的可能性。实际上，许多问题，从表面粗看起来，似乎是很简单，很容易，但深究一下，往往并非如此。即使说，问题很简单很容易吧，我们肯用脑子想一想，有时也会有新的发现。我可以举一个日常生活中最普通的例子：比如说，一家九口人，每人每天吃半两油，全家一个月共吃多少油呢？这样的问题很简单，连小学生也会算。而且一般人的算法很可能是$(9\times0.5\times30)\div16=8$ 斤 7 两。但如果再想一想，就会发现还有另一种更好的计算方法：30 天每天半两就是一斤少一两，九个人即九斤少九两。这样算，岂不是简便多了吗？可见，我们对问题的筛子眼不要太大了，不然，就会漏掉许多有价值的东西。

要有锲而不舍的精神

我们所以需要这种精神，首先是因为科学研究中任何重大的成就，都是需要经过几十次、几百次，甚至上千次上万次的失败，才能取得的。对一个科学家来说，失败和成功比较起来，失败是经常的，而成功只是少量的。在他们的经验中，失败的经验是要比成功的经验丰富得多。有些青年看见一些有名望的科学家，发表了有价值的学术论文，以为他们一定是什么天才，不必费什么大力气就写出了那些重要的论文。这些青年同志哪里知道，他们在报告上所看到的往往只是科学家研究成功的那一部分。而科学家在成功后面的大量的失败的经过，他们并不知道。科学研究的过程，是曲折上升的过程，在这中间，经常会出现这样的情况，就是眼看要成功了，但又失败了。眼看已经失败，但经过一番深思苦想以后，又是“花明柳暗又一村”，呈现了希望。诚如马克思所说：“在科学上没有平坦的大道，只有不畏劳苦沿着陡峭山路攀登的人，才有希望达到光辉的顶点。”

近代科学发展的特点：一是科学的分工越来越细，二是边缘科学发展很快，即各门科学之间的关系越来越密切。近代科学的这种复杂性，只有用长期的研究来克服。一曝十寒是不可能有成就的。有些青年在科学上想拣容易的事情做，其实，许多比较简单容易的问题，绝大部分前人都早已考虑过了。我们今天所面临的任务比过去的更复杂。当然也要看到因为前人的辛勤研究，解决了许多问题；我们今天以前人的科学成果作为基础，进行科学研究工作,就有了更多的有利条件。但是正因为如此,我们就应该对自己提出更高的要求。

在科学研究工作中,切忌图侥幸。任何科学研究成果都不是偶然出现的。有的青年认为牛顿发现万有引力定律就是由于偶然看见树上一个苹果落地,灵机一动所得来。其实牛顿发现万有引力,不光是因为看到苹果落地,因为苹果落地的事实自从有人类就可以觉察到了。而是由于他早就研究了开普勒的天体运行规律和伽利略的物体落地定律,长期地在思考这个问题,一旦看到苹果落地的现象,才能悟出万有引力的道理。科学的灵感,决不是坐待可以等来的。如果说,科学上的发现有什么偶然的机遇的话,那么这种"偶然的机遇"只能给那些学有素养的人,给那些善于独立思考的人,给那些具有锲而不舍的精神的人,而不会给懒汉。

雄心壮志与周密计划

现在,我们的祖国正在开展着伟大的社会主义建设。青年们是建设社会主义的生力军,是老一辈革命者的接班人,在科学研究上一定要树立攀登科学高峰的雄心壮志。没有雄心壮志的人,他们的生活缺乏伟大的动力,自然不能盼望他们会有杰出的成就。而在有了雄心壮志之后,就必须要有实现这个雄心壮志的周密计划。要切实安排好实现雄心壮志的步骤，使我们的努力能够一步一步地接近目标。不要目标在东，而我们却走到东南方向，结果浪费了精力，而事与愿违。在前进的道路中，必然要突破许多关口，这些关口，越到后来越不容易突破，要有计划地有步骤地一个一个去突破。第一关还没有突破，就不要企图去破第二关。不要企图一步登天。在科学研究上，急于求成的人，往往是比什么人都走得慢。我们要走得又快又稳。

青年同学们，你们生活在幸福的毛泽东时代，国家给你们创造了很好的学习条件，能不能学好，就看自己是否勤奋学习。为了使我们学习得好，党和毛主席已经有了许多全面的指示，我这里只不过是把个人的点滴体会写出来，供同学们参考而已。

喜见幼苗茁壮[①]

佳音传来喜满怀

夜深人静的时候，电话的铃声显得格外清脆，谁？有些意外。不！正在意中，这是我今晚下意识地等待着的电话，未接谈，我就估计到电话的内容。但估计毕竟是估计，消息比预料的要好得多，令人兴奋得多。

“我向你报告一个喜讯，阅卷工作已经全部完成，高三竞赛的成绩前所未有地好，全部通过了‘劳卫制’，许多超过了‘健将标准’。”北京市数学会秘书长龚升同志在电话中有风趣地这样说。这些趣话的老底是：

“今天上午数学竞赛会赛了两场，第一场赛基本训练，基本功，评比结果，全部通过，并且有些得了满分。第二场赛灵活运用数学才能，考出了水平，特别是高三考出了前所未有的水平。经过评卷员再三严格的要求，最优秀的拿了八十六分。”

---

① 原载于1962年5月7日《北京日报》。

这真是一个好消息！和历届比来，有了显著提高的好成绩，能不使人高兴、鼓舞、兴奋！

汗滴禾下土

兴奋得有些难以入睡，看到了绿油油的一片庄稼地，长满了茁壮的幼苗，使人预感到丰收的喜悦，也使我想到了竞赛当天早晨的景象：

竞赛定在八点，但不少同学早就到了，有些老师也陪伴来了，有些家长也亲自送学生来了。送人的心情也和参加竞赛的青年一样——愉快、兴奋而紧张。同学们不消说，摩拳擦掌，等待一试。铃声响了，竞赛开始了，场里场外同样的紧张。同学们在场内，精神集中，笔沙沙地响，不但会做，而且力求做得快，做得准，做得巧。在场外老师们也同样地得到了试题，想从试题上预计出他们辛勤培养出来的得意学生的可能成绩——有些像农民在预估产量的心情，也在聚精会神地试做，准备在第一场竞赛结束时，指导同学们帮助同学们预估成绩。

一位同学的家长从二十里外赶来了，给这位同学送来了圆规。路途远，起得早，走得慌，这位同学忘记带圆规！

一场赛完了，老师同学展开了讨论，同学们自动在一起讨论，校园里三三五五在一起口里算，地上画，研究第一场的成绩。老师在面授机宜:第一场考得好,但第二场要更沉着些,更细心些,做完了不要就交卷,再细看一遍!老师们无微不至地关怀同学,鼓励同学,今天如此,以往可想,在校中一点一滴的辛劳,长年累月的辛劳,是可以想象的了!

又使我想到三个月以来出题委员会同志们的辛勤工作。出题比做题更难,题目要出得妙,出得好,试得出水平。委员们绞了不少脑汁,有些是从自己的科学研究工作中抽出来的。题目出完了,还要一道一道地过关,大家共同讨论、研究和选择,最后定稿,并且做出标准解答来,作为老师们的参考资料。今天又是一整天,看场、评卷,到休息的时候天早已黑了。北京市科协的同志们和少数工作人员,为了印题、备卷、找场地等,一个月来忙个不休。

阳光好　土地肥

大家这样,为了什么?还不是为了社会主义,为了祖国的花朵!在喜见幼苗茁壮的时候,就想到农民们的辛勤劳动——汗滴禾下土式地辛勤劳动;在看到竞赛会这样好的成绩的时候,就感谢老师们非止一日的培养功劳。我们感谢,感谢中学老师们为祖国科学事业奠定了一块牢固的基石,使我们看到祖国科学更光辉的明天。

在感谢农民们辛勤劳动的同时,我们也不能忘掉我们这值得骄傲的阳光好、土质肥和风调雨顺的优秀环境。

今天的阳光是毛主席的光，是我们亲爱的党的光，土壤是社会主义社会的土壤——最适宜于科学发展的土壤，党的教育是春风，是化雨，在这样的好环境里，才产生出这许多关心幼苗生长的农人，才出现了这样的茁壮的幼苗！这样才具备了天时、地利与人和的大好形势。

山外山　天外天

不是百米赛，而是马拉松。不！用马拉松来比还是嫌短，并且短得太多。科学事业从来就是一条没有终点的道路，是跑一辈子也跑不完的，还要把火炬交给下一代再跑。当然其中可能会一次又一次地达到光辉的顶点，但山外山，天外天，愈有长劲的会跑得愈远，会攀登得愈高，攀登上的峰峦愈多，因而对人民对社会主义建设的贡献也就愈多愈大。

古往今来的伟大的科学家没有一位不是谦虚的、虚心的。这并不一定他们生来就是如此，而是因为他们学了愈多，想了愈多，就发现他们不知道的更多，需要深入钻研的问题更多！也更会感觉到人家想不出，我想得出的问题固然有，但我想不出，而人家想得出来的东西更多。因此，对自己有了正确的估价，认识到谦虚使人进步的真理。

任何一个时候，稍许的骄傲自满，就会使我们放松脚步。最幸福的人是经常知道自己有所不足的人。知道有所不足，便干劲大，工作努力，便会把事情做得更好。寄语竞赛的优胜者，切不要有丝毫的自满骄傲情绪——骄傲生怠惰，怠惰变落后。与此相反——不足生勤奋，勤奋出成绩。起步快的不一定达到目的地早，坚持才是胜利。因此竞赛成绩一般的也不必自馁、泄气，不断地努力，我们可以不断地超过一个高度，又超过一个高度。

拳不离手　曲不离口

拳不离手，曲不离口。基本功要常常练，有机会就练，日常报纸上就会碰到不少问题，就可以作为我们练习的素材。例如：苏联第一次发射的人造行星在二一一三年再接近地球就是一例。又如看了太平洋区的火箭落点禁区就推估出发射地点又是一例。这样的例子很多，随处都是。常常注意，便会使自己不断进步。算不出的，不要随便放弃，不要任之于这是火箭专家的事，而应当多想想，多讨论讨论。今天学识不够，将来学识够了再解决（以上所提的两个问题是我们高三同学可以解决，或可以学会解决的问题）。

当然，数学竞赛不可能人人都参加，没有参加的只要刻苦努力、勤奋钻研，也会一步一步攀登一个又一个高峰。愿幼苗更茁壮地快快成长起来！

取法务上，仅得乎中[①]

同样一件事，反映各不同。努力向上者，取其积极面，自暴自弃者，取其消极面。

宋朝有一位苏洵——苏老泉，到二十七岁的时候才发愤读书，终于成为一位大文学家。

这故事告诉我们：刻苦学习，不要怕晚嫌迟，不要说我年已一把，还学出个啥名堂来。更不是告诉我们：我年纪还轻呢！今年不过二十岁，用什么功来！再过五年才发愤，岂不比苏老泉还早二年吗？

发愤早为好，苟晚休嫌迟，最忌不努力，一生都无知。

* * *

想到一穷二白的祖国期待着我们建设，想到社会主义、共产主义社会建设的艰巨性和复杂性，想到毛主席和党的期望，我们恨不得立刻学好本领。放松不得，蹉跎不得，立志务宜早，发愤休迟疑。

---

① 原载于 1962 年 6 月 16 日《中国青年报》。

* * *

元朝有位王冕——王元章，他是一位大画家。他从小贫穷，不能从师学画，买了纸笔和颜料，在放牛的时候，看着荷花临摹起来，经过刻苦锻炼，终于自学成为一位大画家。

这故事告诉我们：如果没有老师，不要怕，只要刻苦自励，自学也是可以有所成就的。但是并不是说：我何必在校学习呢？自学不也很好吗？不也可以成为王冕吗？

自学的习惯是要养成的，而且是终身受用不尽的好习惯，但不要身在福中不知福！有老师的帮助而不知道这帮助的可贵。不明不白处，老师讲解，深不透处，老师追查。更重要的是，从老师处可以学得深钻苦研的、失败的和成功的经验，学习了他成功的经验，长知识，可以在这基础上更深入地下去；学得了他失败的经验，长阅历，可以知道天才出于勤奋的道理，知道成功从失败中来的道理。

* * *

独创精神不可少，这是我们建设前人所未有的事业的时代青年必有的本领，但接受前人的成就也是十分必要的。不走或少走前人已走过的弯路是加快速度的好方法，老师尽他的力量向上带，带到他能带到的最高处。我们在他们的肩膀上更上一层，一代胜似一代。

* * *

五代有位韦庄——韦端己填了一首词：

街鼓动，
禁城开，
天上探人回，
凤衔金榜出云来，
平地一声雷。
莺已迁，
龙已化，
一夜满城车马，
家家楼上簇神仙，
争看鹤冲天。

这首词可能是韦庄用来形容科举制度下高科得中的情况的，但是其中却包括词人的浪漫主义的幻想——十分丰富的想象力。

但幻想毕竟是幻想，真正要探天归来，真正要带了科学资料“出云来”，还得经过千百年来科学家的辛勤劳动。

* * *

雄心壮志不可无，浪漫主义的幻想也要有，但不畏艰苦，逐级攀登的踏实功夫更不可少。老老实实，实事求是，不要轻视平淡的一步，前进一步近一步，登高必自卑，行远必自迩。看了韦庄的词，有所启发，而想一步登天，一下子就发明个星槎，遨游六合，岂不快哉？但那是妄想，只有一步一步地先在理论上想出可能，算出数据，再按要求一一分析，步步落实，才有今日。计时已百年，智慧耗无数，对整个历史来说我们的工作可能极渺小的，对整个时代来说可能是微不足道的。正是小环节、小贡献，积小成大，由近至远，大发明、大创造才有可能。点点滴滴，汇成江河，眼光看得远，步伐走得稳，不要眼高手低，不要志大才疏。老老实实干，痛下苦功夫，夸夸其谈者，荆棘满前途。

和青年谈学习[①]

青年同学们常常希望我和大家谈谈学习问题，我虽然比一般年轻人大一些，可是至今仍然在摸索中学习，在不断失败中取得教训来进行学习。对于学习，我还没有一套成熟的经验，没有一套好办法，但有一个愿望，准备一辈子学，一辈子不灰心地学，绝不因为一时的挫折而降低学习的热诚和决心。

科学是老老实实的学问，半点虚假不得。因此，我老老实实地先交代一下，才转入正题。下面谈的，也希望大家思考一下，看看哪些是对的，哪些是不对的，哪些是可以吸收加工的，哪些是应该扬弃的。这样，也许可以吸收到人家一点有益的东西，避免犯人家的缺点。

要有雄心壮志

现在我们面临着一个伟大的时代，我们要把一穷二白的祖国建设成为具有现代化工业、现代化农业、现代化科学文

---

① 原载于1962年12月8日《羊城晚报》。

化的新中国。担负着这样的任务,每个青年应当树立起雄心壮志,以蓬蓬勃勃的朝气,敢于斗争,敢于胜利,敢于学习,敢于创造,敢于继往开来,敢于做些史无前例的大事业。

但这并不是说,搞尖端的科学研究,搞创造发明才需要雄心壮志,搞一般工作就不需要雄心壮志。任何工作都可以精益求精,所谓“行行出状元”,没有雄心壮志的人,是不可能主动地把工作搞得很出色的。有些人以为参加农业劳动就不要雄心壮志了,其实不然,如果某人的努力,能增加农业产量百分之一,这就是一件了不起的事情。而要做到这样,就得树立雄心壮志。也有人以为,教中小学不需要雄心壮志,这也是不对的。培养下一代,是国家建设中一项最基本的工作。认为当中小学教师不必去艰苦钻研学问,这是一种泄气的看法,不是一种力争上游的看法。北京市一个小学教师说过:“小学生要的可能是一杯水,但是我们得准备满满一壶水,才能充分满足他们的需要。”这话很有道理,当一个名副其实的、优秀的、社会主义的教师,就需要多多积累知识,使饥渴的青年能得到满足。我个人的经验也是如此,我有时担任大学一年级的数学课程,比高三仅仅高了一年,但在我的教学过程中,深深感到我的知识不是够了、多了,而是大大的不足。我经常发现新的、更好的材料或讲授方法,我经常觉得我的教学大有改进的余地,写好了的讲稿,讲了之后就发现许多不足之处。古人说的教学相长,的确大有道理。我想，做任何工作都决不可得过且过，平平庸庸，应付门面，而是应该精益求精，不断改进。

要飞上天，还得从地上起程

与雄心壮志相伴而来的，应是老老实实、循序渐进的学习方法。雄心壮志并不是好高骛远、急躁速成，它和空想不同之处在于：有周密的计划——踏踏实实地安排好实现计划的具体步骤。使我们通过努力，能一步步地接近目标。例如上天，谁不想上天？嫦娥、孙行者式的上天，只是幻想、神话而已。要飞上天，还得从地上起程。五代词人韦庄有两阕《喜迁莺》："人汹汹，鼓冬冬，襟袖五更风。大罗天上月朦胧，骑马上虚空。香满衣，云满路，鸾凤绕身飞舞。霓旌绛节一群群，引见玉华君。""街鼓动，禁城开，天上探人回。凤衔金榜出云来，平地一声雷。莺已迁，龙已化，一夜满城车马。家家楼上簇神仙，争看鹤冲天。"这是词人的幻想，幻想虽然美丽，但真正要做到天上归来，带着科学资料出云来，还是要依靠多少年来无数人的踏踏实实的努力。

有人在中学里就要自学量子力学，算不算雄心壮志？这可能太早了一些。不了解力学，不了解微积分，而自以为可以读懂量子力学，这是不可想象的事。我们要扩大眼界，但是先不要忘记自己的知识水平。学习必须踏实，不能踏空一步。踏空一步，就要付出重补的代价；踏空多步，补不胜补，就会使人上不去，就会完全泄气。不过，一旦发现自己在学习上有踏空现象的时候也不要怕，回头是岸，赶紧找机会来补，不要不好意思。不补永远是个洞，补了就好了，就纠正了一个缺点，走起来就更踏实、更稳、更快了。

对"懂"的要求

做学问功夫，基础越厚，越牢固，对今后的学习就越有利，越容易登高峰，攻尖端，得心应手地广泛用。有人说，基础宽些好，但到底多宽才好？有人为此而杂览群书。我的看法，打好基础的第一要求是：对于一些基本的东西，要学深学透，不要急于看力所不能及的书籍。什么叫学深学透？这就是要经过"由薄到厚"，"由厚到薄"的过程。

首先是"由薄到厚"。比如学一本书，每个生字都查过字典，每个不懂的句子都进行过分析，不懂的环节加上了注解，经过这一番功夫之后，觉得懂多了，同时觉得书已经变得更厚了。有人认为这样就算完全读懂了。其实不然。每一章每一节、每一字每一句都懂了，这还不是懂的最后形式。最后还有一个"由厚到薄"的过程，必须把已经学过的东西咀嚼、消化，组织整理，反复推敲，融会贯通，提炼出关键性的问题来，看出了来龙去脉，抓住了要点，再和以往学过的比较，弄清楚究竟添了些什么新内容、新方法。这样以后，就会发现，书，似乎"由厚变薄"了。经过这样消化后的东西，就容易记忆，就能够得心应手地运用。

例如学数学，单靠记公式就不是办法，主要是经过消化，搞懂内容。“三角学”的公式很多，但主要的并没几个，其他公式都是由这些推出来的。其中主要的一个 $\sin^2\theta+\cos^2\theta=1$，也不是新的，而是“几何学”上讲过的商高定理。

越学越快

也许有人觉得，这样书是读“深”了，但“广”不起来；也许有人觉得，这样学习可能进度慢了。其实不然，这样会愈学愈快。基础好了，以后只不过是添些什么新东西的问题，而不是再把整本书塞进脑子里去的问题。这样学，就把“广”化为“添”，添些本质上所不知道的东西，而不是把“广”化为“堆”，把同样的货物一捆一捆地往上堆。这样消化着学，是深广结合的学法，是较有效率的学法。学了之后，巩固难忘，那就不必说了。

打好基础的另一办法是经常练，一有机会就练，苦练活练，不要放过任何一个机会。比如说，学数学，最好不仅以会做自己学校里的试题为满足，旁的学校的试题也拿来做做，数学竞赛的试题也拿来做做；读报纸了，看到五年计划要求某种产品增加一倍，也不妨算算每年平均增加的百分比是多少。又如，弹道导弹的发射区的四点知道了，学数学的人，不妨想想从中能推出些什么，等等。

老师没有讲过的

在打基础的同时，还必须注意培养独立思考的能力。一切事物都在不断向前发展着，我们用老方法来处理新问题，必然有时不适合，或者不可能。针对新的问题，我们就必须独辟蹊径，创造新的办法来处理。老师没有讲的，书上查不到的，前人未遇到的问题，就要靠我们独立思考来解决。

培养独立思考的第一步，还是打好基础，多做习题，肯动脑筋，深透地了解定理、定律、公式的来龙去脉，但最好再想一下，那些结论别人是怎样想出来的，如果能看得出人家是怎样想出来的，那么自己也就有可能想出新东西来了。

牛顿的发现是偶然的?

强调独立思考，并不是不需要前人的经验，而恰恰是建立在广泛接受前人成就的基础上。在资本主义国家里，流行着对科学发明的神秘化宣传，说什么创造发明可以由于偶然机会碰出来的。说什么牛顿发明万有引力定律，只是由于偶然看见树上一个苹果落地，灵机一动的结果。这是胡说八道！苹果落地的现象，自有人类以来便有不知多少人见过，为什么只有牛顿才发现万有引力呢？其实牛顿不是光看苹果落地，而是经过长期学习，抓住了开普勒的天体运行规律和伽利略的物体落地定律，并且经过长期的深思熟虑，一旦碰到自然界的现象，便比较容易地得到启发，因而看出它的本质而已。科学是老老实实的学问，不可能靠碰运气来创造发明，对一个问题的本质不了解，就是碰上机会也是枉然。入宝山而空手回，原因在此。

我们要虚心学习别人的成功的经验，还应注意别人失败的教训，看别人碰到困难遭到挫折时如何对待，如何解决，这种教训往往更为宝贵。不要光看到学者专家出了书，在报纸杂志上发表了文章，他们丢在废纸篓里的稿纸，远比发表的文章多得多。我们应该知道前辈学者寻求知识所经历的艰巨过程，学习他们克服困难、解决问题的方法。

勤能补拙，熟能生巧

最后，我想谈一谈天才与学习的关系问题。有些人自己信心不足，认为学习好需要天才，而自己天才不够；又有一些人，自高自大，觉得自己有才能，稍稍学习就能够超过同辈。实质上，这两种看法都有问题。当然，我们不否认各人的才能不一样，有长于此的，有短于彼的，但有一样可以肯定：主动权是由我们自己掌握的，这就是努力。虽然我的资质比较差些，但如果用功些，就可能进步得快些，并且一般地讲，可以超过那些自以为有天才而干劲不足的人。

学问是长期积累的，我们不停地学，不停地进步，总会积累起不少的知识。我始终认为:天才是"努力"的充分发挥。惟有学习,不断地学习,才能使人聪明;惟有努力,不断地努力,才会出现才能。我想用一句老话来结束这篇文章:"勤能补拙,熟能生巧。"

学与识[①]

有些在科学技术研究工作岗位上的青年，要我谈谈治学和科学研究方面的经验。其实，我的理解也有片面性。现在仅就自己的片面认识，谈一点关于治学态度和方法的意见。

“由薄到厚”和“由厚到薄”

科学是老老实实的学问，搞科学研究工作就要采取老老实实、实事求是的态度，不能有半点虚假浮夸。不知就不知，不懂就不懂，不懂的不要装懂，而且还要追下去，不懂，不懂在什么地方；懂，懂在什么地方。老老实实的态度，首先就是要扎扎实实地打好基础。科学是踏实的学问，连贯性和系统性都很强，前面的东西没有学好，后面的东西就上不去；基础没有打好，搞尖端就比较困难。我们在工作中经常遇到一些问题解决不了，其中不少是由于基础未打好所致。一个人在科学研究和其他工作上进步的快慢，往往和他的基础有关。关于基础的重要，过去已经有许多文章谈过了，我这里不必

---

① 原载于1962年12期《中国青年》。

多讲。我只谈谈在科学研究工作中发现自己的基础不好后怎么办？当然，我们说最好是先打好基础。但是，如果原来基础不好，是不是就一定上不去，搞不了尖端？是不是因此就丧失了搞科学研究的信心了呢？当然信心不能丧失，但不要存一个蒙混过关的侥幸心理。主要的是在遇到问题时不马马虎虎地让它过去。碰上了自己不会的东西有两种态度：一种态度是“算了，反正我不懂”，马马虎虎地就过去了，或是失去了信心；另一种态度是把不懂的东西认真地补起来。补也有两种方法：一种是从头念起；另一种方法，也是大家经常采用的，就是把当时需要用的部分尽快地熟悉起来，缺什么就补什么（慢慢补得大体完全），哪方面不行，就多练哪方面，并且做到经常练。在这一点上，我们科学界还比不上戏剧界、京剧界。京剧界的一位老前辈有一次说过：“一天不练功，只有我知道；三天不练功，同行也知道；一月不练功，观众全知道。”这是说演戏，对科学研究也是如此，科学的积累性不在戏剧之下，也要经常练，不练就要吃亏。但是如果基础差得实在太多的，还是老老实实从头补，不要好高骛远，还是回头是岸的好，不然会出现高不成低不就的局面。

有人说，基础、基础，何时是了？天天打基础，何时是够？据我看来，要真正打好基础，有两个必经的过程，即“由薄到厚”和“由厚到薄”的过程。“由薄到厚”是学习、接受的过程，“由厚到薄”是消化、提炼的过程。譬如我们读一本书，厚厚的一本，加上自己的注解，就愈读愈厚，我们所知道的东西也就“由薄到厚”了。但是，这个过程主要是个接受和记忆的过程，“学”并不到此为止，“懂”并不到此为透。要真正学会学懂还必须经过“由厚到薄”的过程，即把那些学到的东西，经过咀嚼、消化，融会贯通，提炼出关键性的问题来。我们常有这样的体会：当你读一本书或是看一叠资料的时候，如果对它们的内容和精神做到了深入钻研，透彻了解，掌握了要点和关键，你就会感到这本书和这叠资料变薄了。这看起来你得到的东西似乎比以前少了，但实质上经过消化，变成精炼的东西了。不仅仅在量中兜圈子，而有质的提高了。只有经过消化提炼的过程，基础才算是巩固了，那么，在这个基础上再练，那就不是普通的练功了；再念书，也就不是一本一本往脑里塞，而变成为在原有的基础上添上几点新内容和新方法。经过“由薄到厚”和“由厚到薄”的过程，对所学的东西做到懂，彻底懂，经过消化的懂，我们的基础就算是真正的打好了。有了这个基础，以后学习就可以大大加快。这个过程也体现了学习和科学研究上循序渐进的规律。

有人说，这样踏踏实实，循序渐进，与雄心壮志、力争上游的精神是否有矛盾呢？是不是要我们只搞基础不攻尖端呢？我们说，踏踏实实，循序渐进地打好基础，正是要实现雄心壮志，正是为了攻尖端，攀高峰。不踏踏实实打好基础能爬上尖端吗？有时从表面上看好像是爬上去了，但实际上底子是空的。雄心壮志只能建立在踏实的基础上,否则就不叫雄心壮志。雄心壮志需要有步骤,一步步地,踏踏实实地去实现,一步一个脚印,不让它有一步落空。

独立思考和继承创造

科学不是一成不变、一个规格到底的,而是不断创造、不断变化的。搞科学研究工作需要有独立思考和独立工作的能力。许多同志参加工作后,一定会碰到很多新问题。这些问题是书上没有的,老师也没有讲过的。碰到这种情况怎么办?是不是因为过去没学过就不管了?或是问问老科学家,问不出来就算了?或是查了科学文献,查不出来就算了?问不出来,查不出来,正需要我们独立思考,找出答案。我认为独立思考能力最好是早一些培养,如果有条件,在中学时就可以开始培养。因为我们这样大的一个国家,从事的是崭新的社会主义建设,一定会碰上许多问题是书本上没有的,老科学家们过去也没有碰到过的。如黄河上的三门峡工程,未来的长江三峡工程,我们的老科学家在过去就没有搞过这样大的水坝。我们的许多矿山和外国的也不一样,不能照抄外国的。所以还是要靠自己去研究,创造出我们的道路。

培养独立思考、独立工作能力,并不是不需要接受前人的成就,而恰恰是要建立在广泛地接受前人成就的基础上。我很欣赏我国五代时有名的科学家祖冲之对自己的学习总结的几个字。他说,他的学习方法是:搜炼古今。搜是搜索,博采前人的成就,广泛地学习研究;炼是提炼,只搜来学习还不行,还要炼,把各式各样的主张拿来对比研究,经过消化,提炼。他读过很多书,并且做过比较、研究、消化、提炼,最后创立了自己的学说。他的圆周率是在博览和研究了古代有关圆周率的学说的基础上,继承了刘徽的成就而进一步发展的。他所作的《大明历》则是继承了何承天的《元嘉历》。许多科学技术上的发明创造,都是继承了前人的成就和自己独立思考的结果。

独立思考和独立工作,并不是完全不要老师的指导和帮助,但是也不要依赖老师。能依靠老师很快地跑到一定的高度当然很好。但是,从一个人的一生来说,有老师的指导不是经常的,没有老师的指导而依靠自己的努力倒是经常的;有书可查、而且能够查到所需要的东西不是经常的,需要自己加工或者灵活运用书本上的知识,甚至创造出书本上所没有的方法和成果倒是比较经常的。就是在老师的指导和帮助下,也还是要靠自己的努力和钻研,才能有所成就。凡是经过自己思考,经过一番努力,学到的东西才是巩固的,遇到困难问题时,也才有勇气、有能力去解决。科学研究上会不会产生怕的问题,也往往看你是否依靠自己努力,经受过各种考验。能够这样,在碰到任何困难问题时就不会怕。当然不怕也有两种情况:一种是我不懂,不努力,也不怕,这是胡里糊涂的不怕，有些像初生犊儿不怕虎，这种不怕是不坚定的，因为在工作中一定会碰到“虎”的，到那时就会怕起来了；另一种是在工作中经过刻苦钻研，流过汗，经受过各种困难，这种不怕则是坚定的，也是我们赞扬的。青年一定要学会独立思考、独立工作，依靠自己的努力去打江山，一味依靠老师和老科学家把着手去做，当然很方便，但也有吃亏的一面。因为不经过自己的艰苦锻炼，学到的东西不会巩固，需要独立解决问题时困难就会更大。这样说也并不是否定了老科学家的作用，他们给青年的帮助是很大的。我只是说，青年不要完全依靠老科学家，应该注意培养自己独立思考和独立工作的能力。

青年同志们如果有机会和老科学家一起工作，要虚心地向他们学习。学什么呢？老科学家有丰富的学识，有很多成功的经验，值得我们认真学习；更重要的是还要学习他们失败的经验，看他们碰到困难遭到挫折时如何对待，如何解决，这种经验最为宝贵。不要认为科学研究是一帆风顺的，一搞就成功。在科学研究的历史上，失败的工作比成功的工作要多得多。一切发明创造都是经过许多失败的经历而后成功的。科学家的成果在报纸杂志上发表了，出了书，写的自然大多是成功的经验，但这只是整个劳动的一部分，而在成功的背后，有过大量的失败的经过。如果我们把那些失败的经验学到手，学好，我们就不会怕了。否则就会怕，或者会觉得成功是很简单的事。譬如一个中学生向数学老师问一道难题，第二天，数学老师就在黑板上写出了答案，看起来老师是完成了自己的任务，但是还差一点，就是老师没有把寻求这道难题答案的思索过程告诉学生，就像是只把做好了的饭拿出来，而没有做饭的过程。老师为了解难题可能昨天夜里苦思苦想，查书本，找参考，甚至彻夜未眠。学生只看到了黑板上的答案，而不知道老师为寻求这个答案所经历的艰苦过程，就会以为数学老师特别聪明。只看到老科学家的成果，不了解获得这些成果的过程，也会觉得老科学家是天才，我们则不行。所以我们既要学习老科学家成功的经验，也要学习成功之前的各种失败经验。这样，才学到了科学研究的一个完整过程，否则只算学了一半，也许一半都没有。科学研究中，成功不是经常的，失败倒是经常的。有了完整的经验，我们就不会在困难面前打退堂鼓。

知识、学识、见识

人们认识事物有一个由感性认识到理性认识的过程，学习和从事科学研究，也有一个由“知”到“识”的过程。我们平常所说的“知识”、“学识”、“见识”这几个概念，其实都包含了两面的意思，反映了认识事物的两个阶段。“知识”是先知而后识，“学识”是先学而后识，“见识”是先见而后识。知了，学了，见了，这还不够，还要有个提高过程，即识的过程。因为我们要认识事物的本质，达到灵活运用，变为自己的东西，就必须知而识之,学而识之,见而识之,不断提高。孔子说:“学而不思则罔,思而不学则殆。”这两句话的意思是说,只学,不用心思考,结果是毫无所得;不学习,不在接受前人成果的基础上去思考,也是很危险的。学和思,两者缺一不可。我们不仅应该重视学,更要把所学的东西上升到识的高度。如果有人明明“无知”,强以为“有识”,或者只有一点知就自恃为有识了,这是自欺欺人的人。知、学、见是识的基础,而识则是知、学、见的更高阶段。由知、学、见到识,是毛主席所指出的“去粗取精、去伪存真、由此及彼、由表及里”的过程,非如此,不能进入认识的领域。一般说来,衡量知、学、见是用广度,好的评语是广,是博;衡量识是用深度,好的评语是深,是精。因而,我们对知识的要求是既要有广度,又要有深度,广博深精才是对知识丰富的完好评语。一个人所知,所学,所见的既广博,理解得又深刻,才算得上一个有知识、有学识、有见识的人。

古时候曾经有人用“一目十行,过目不忘”之语来称赞某人有学识,究其实质,它只说出这人学得快、记性好的特点罢了;如果不加其他赞词,这样的人,充其量不过是一个活的书库,活的辞典而已。见解若不甚高,比起“闻一知三”,“闻一知十”的人来,相去远矣。因为一个会推理,而一个不会。会推理的人有可能从“知”到“识”,会发明创造;而不会推理者只能在“知”的海洋里沉浮。淹没其中,冒不出头来,更谈不上高瞻远瞩了。现在也往往有人说:某学生优秀,大学一二年级就学完了大学三年级课程;或者某教师教得好,一年讲了人家一年半的内容,而且学生都听懂了。这样来说学生优秀、教师好是不够的,因为只要求了“知”的一面,而忽略了“识”的一面。其实,细心地读完了几本书,仅仅是起点,而真正消化了书本上的知识,才是我们教学的要求。搞科学研究更其如此。有“知”无“识”之人做不出高水平的工作来。并不是熟悉了世界上的文献,就成为某一部门的“知识里手”了,还早呢!这仅仅是从事研究工作的一个起点。也并不是在一个文献报告会上能不断地报告世界最新成就,便可以认为接近世界水平了,不!这也仅仅是起点,具有能分析这些文献能力的报告会,才是科学研究工作的真正开始,前者距真正做出高水平的工作来,还相差一个质的飞跃阶段。我们在工作中多学多知多见,注意求知是好的,但不能以此为满足。有些同志已经工作好几年了,再不能只以“知”的水平来要求自己,而要严格检查自己是否把所学所知所见的东西提高到识的水平了。对于新参加工作的同志,也不能只要求他们看书,看资料,还要帮助他们了解,分析,提炼书和资料中的关键性问题,帮助他们了解由“知”到“识”的重要性。

从“知”、“学”、“见”到“识”,并不是一次了事的过程,而是不断提高的过程。今天认为有些认识了的东西,明天可能发现自己并未了解,也许竟把更内在更实质的东西漏了。同时在知、学、见不断扩充的过程中，只要我们有“求识欲”，我们的认识就会不断提高，而“识”的提高又会加深对知、学、见的接受能力，两者相辅相成，如钱塘怒潮，一浪推着一浪地前进，后浪还比前浪高。

以上所讲的只是我自己心有所感，在工作中经常为自己的知不广识不高所困恼，因而提出来供青年同志们作参考，说不上什么经验，更不能说有什么成熟的看法。

有限与无穷，离散与连续①②

——为纪念中国科学技术大学建校五周年而作

一

这是我们教低年级数学基础课的一些体会，似乎是看出了些问题，但由于作者的水平限制，对数学的了解是片面的，并且更没有哲学修养能从若干感性知识中概括出理性论断来。所以写这样一篇提供素材的文章，希望聚沙成塔，集腋成裘，以备沙里淘金者的参考。

数学中有两大类的问题：一类是离散性质的，一类是连续性质的。在我们一生学习的过程中，开始于数数——一、二、三、四、五、……。这完全是离散性质的东西。算术、代数都是处理离散性质问题的学科。整个中学阶段所学的数学可以说都不是突出利用"连续性"与"无穷性"的学科。直线上的点显示出连续性质，但突出地重用"连续"与"无穷"确始

---

① 本篇与王元同志合作。感谢中国科学院裴丽生副院长的鼓励。他建议我们把教学体会不要仅仅写在数学著作[1]或教材[2]中，把一些与其他兄弟学科可能有关的东西，写出来互相交流，因此才写了这样一篇内容芜杂的文章，敬求兄弟学科及本学科同志们的指教。

② 原载于1963年1月《科学通报》。

于微积分。在描绘一瞬间的速度，或一瞬间的量的变化，我们重用了“连续性”。这就是初等数学与高等数学的分界。但如果从“初等”“高等”这些字样，或我们学习的次序，就断定“连续性的数学”比“离散性的数学”更优越了或更能解决问题了，那就不尽然了。本文的目的在于着重地谈谈离散性的重要。但必须指出，我们不是说连续性次重要些，而是说必须两者妥善结合。一切从实际出发，看需要而决定。不能强调一面而忽略一面，但有一点似乎可以向初学者建议的，在学连续性数学之前，先打好所对应的离散性数学的基础。因为绝大部分连续性的结果往往以离散性的结果做背景的。或者是离散性问题的极限。但并不是说，我们不应当把学习的时间或精力在连续性数学上多花一些。

先看看客观事实，如果本来就是离散的，那就不必人为地引进连续性(但并不排斥，虽然离散，但多到无法处理的时候，也势所必至地用连续方法来处理的可能性，如沙的流动)。在资本主义国家里有些经济学者，用微分方程来处理经济学上的问题，我们对经济学一窍不通，不能有所批判，但有一点可以肯定，他们所根据的数据是离散的——或者实质上不可能连续化的。如:农业生产量不能分为每瞬间几何？它是季度性生产，连分月份都不可能，枉论其他。用连续方法来处理离散问题，对头否？但他们有这样的答辩:用上了微分方程就有定性理论，利用它易于看出发展趋势。岂其然哉！实质上，利用差分方程或矩阵乘方的性质照样可以看到趋势。并且还容易些，还浅显些。但是在大学课程中没有包括进去而已，或原则上有之，但未像微分方程那样多方强调而已。在第三部分中还将指出连续化的不可能性，硬用较深的数学殊无谓也。深入浅出是功夫，浅入深出是浪费。

我们有这样的不成熟的看法，先学些矩阵知识、差分方程，再学微分方程，则既可以学得处理“离散”问题的方法，取其极限，往往又可以得出微分方程的结果。

以上所讲就是说：离散问题用离散方法来处理为妥的论点。现在进一步说明：连续问题中的离散处理方法。

首先的问题是数据取得的问题。能不能取得无穷精密的数据？不能，即使准到十位、百位，用十位、百位小数表达出来的数据所成的集体仍然是离散的，而不是连续的（并且有时过分的精密度是完全不必要的）。再则取数据的次数也必然是有限的，离散的。

其次看计算工具，近代的数字电子计算机本质上是离散的。它的特点是根据有限位数据进行有限次运算，算出有限个有限位的解答来。一切有限，仍然是离散的。

最后所能拿出来的结果（或客观的要求也是如此）当然也是离散的。这是一个从离散到离散的过程。数学家们通常的想法是从离散数据用插入法或回归法得函数，得微分方程，微分方程直接解不出来，再将微分方程差分化变为代数方程（离散），然后得出离散性的解答来。其过程中，经过插入法有误差，经过差分法又有误差，变成代数问题以后的求解误差就不提了。因而提出了以下的课题：能不能从离散直接到离散。这样避免了经过函数逼近的误差，避免了经过微分方程差分求解的误差。如果可能，则方法初等化了！而结果反而可能更精密了！我们水平限制不敢多所论列，但主观上谬认为这是一个值得尝试的方向。再申明一下，重视离散性方法的同时，我们决不能忽视连续性方法。解析数论就是一门用连续性方法处理离散问题而获得重要成果的分支。连续性的考虑往往会看到一些离散性所不易看到的问题。

以下罗列一些例子，这些例子是从教基础课得来的。选择的标准当然也就是基础课或略高一些的水平。并且都是选取了与其他学科的科学工作者有共同兴趣的问题。各节之间的关系也是不太大的。例如：常用傅里叶级数的同志不妨看看第四节。

再重复一句，这是抛砖引玉性质的文章。多举出些具体的感性材料，有可能为将来的教学改革或理论认识创造条件。虚心求教，敬请指正。

二、对象是连续的,但我们只能了解到其有限个数据——算体积,算面积

在学了微积分之后,我们常常有这样的喜悦:任何曲线的长度,任何曲面的面积及任何物体的体积都可以用积分方法来处理了。这种喜悦是应当有的,也是可以理解的。但是以为这就已经可以解决问题了,那就错了。深入一想,我们所学过的方法都有一个共同的要求,就是要求有表示曲线、曲面的公式。也就是在实际中,有没有这样的表达式?例如,在估计矿藏储量时,有没有一个表示这矿体周界的解析公式?又如在估计山坡面积时,有没有一个 $z=f(x,y)$ 表示这曲面的公式?在实际情况中是没有的,一来由于我们不可能对每一点都进行实测,二来由于即使对矿体测了很多点,但也是不能求出曲面的表达式,即使拼拼凑凑找出一个公式,但在求积分的时候,依然是积不出来(找原函数)的时候多,而能够积成初等函数的时候少——少得很。因而矿体和山坡虽然是连续分布的,但是我们还是必须用离散的方法才能(近似)估出体积及面积。

但这并不是说微积分里求面积、体积的公式没有用了。这儿是说,必须看看怎样才能用得上,并且将发现,理论是有用的,它能给我们提供具体的线索,并帮我们判断各种方法的优劣性及进一步改善这些方法。

还是举一个例子吧。在估计山坡面积时，有两套方法：一套是地理学上的方法，称为 Волков 方法。另一套是矿藏几何学上的方法，称为 Бауман 方法。以下我们把它们介绍一下，再比优劣。

假定在地图上以 Δh 为高程差画出等高线，并假定有一制高点及等高线成圈（其他情况很容易由此被推导出来）。假定由制高点 (l_n) 向外一圈一圈地画等高线 (l_{n-1})，(l_{n-2})，…，(l_0)。取 (l_0) 的高度为 0，(l_n) 的高度为 h，(l_i) 与 (l_{i+1}) 之间的面积用 B_i 表示（投影的面积）（图 1）。

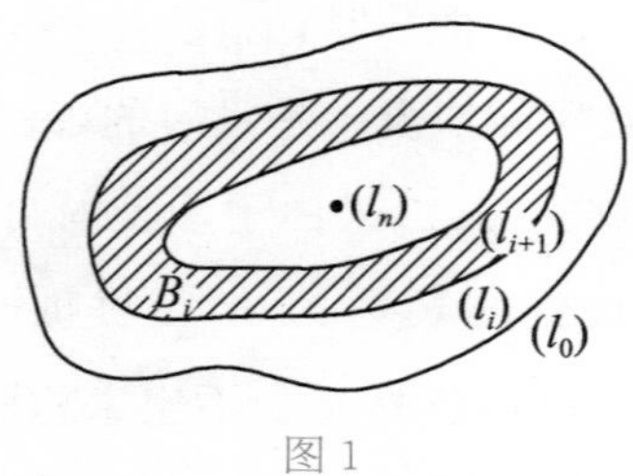

图 1

1. Бауман 方法

(a) $C_i=\frac{1}{2}(l_i+l_{i+1})\Delta h$（中间直立隔板的面积）[①]；

(b) $\sum\limits_{i=0}^{n-1}\sqrt{B_i^2+C_i^2}$ 就是所求的斜面积的近似值。

---

① 等高线 (l_i) 的长度用 l_i 表示。

2. Волков 方法

(a)$l=\sum_{i=0}^{n-1} l_i$ 为等高线的总长度。$B=\sum_{i=0}^{n-1} B_i$ 为总投影面积。由

$$\operatorname{tg}\alpha=\frac{\Delta h\cdot l}{B}$$

得出平均倾角 α；

(b)$B\sec\alpha=\sqrt{B^2+(\Delta h\cdot l)^2}$ 就是所求的斜面积的近似值。

这两个方法哪一个更好一些？这些方法所给出的结果在怎样的程度上迫近斜面积？又当等高线的分布趋向无限精密时，这些方法所给出的结果是什么？是否就是真的面积？下面我们将回答这些问题。

以制高点为中心引进极坐标。命高度为 z 的等高线方程是

$$\rho=\rho(z,\theta),0\leqslant\theta\leqslant 2\pi$$

[假定 $\rho(z,\theta)$ 适当地光滑]。命 $z_i=\frac{h}{n}i,\Delta h=\frac{h}{n}$。则$(l_i)$ 所围绕的面积等于

$$\frac{1}{2}\int_0^{2\pi}\rho^2(z_i,\theta)\,\mathrm{d}\theta。$$

(l_i) 的长度等于

$$l_i = \int_0^{2\pi} \sqrt{\rho^2(z_i, \theta) + \left[\frac{\partial\rho(z_i, \theta)}{\partial\theta}\right]^2} \mathrm{d}\theta,$$

于是由中值公式得

$$B_i = -\int_0^{2\pi} \rho(z_i', \theta) \frac{\partial\rho(z_i', \theta)}{\partial z_i'} \mathrm{d}\theta \Delta h$$

及

$$C_i = \int_0^{2\pi} \sqrt{\rho^2(z_i'', \theta) + \left[\frac{\partial\rho(z_i'', \theta)}{\partial\theta}\right]^2} \mathrm{d}\theta \Delta h,$$

其中 $z_i \leqslant z_i', z_i'' \leqslant z_{i+1}$。因此当 $\Delta h \to 0$ 时，$\sum\limits_{i=0}^{n-1} \sqrt{B_i^2 + C_i^2}$ 趋近于

$$Бa = \int_0^h \sqrt{\left(\int_0^{2\pi} \rho \frac{\partial\rho}{\partial z} \mathrm{d}\theta\right)^2 + \left[\int_0^{2\pi} \sqrt{\rho^2 + \left(\frac{\partial\rho}{\partial\theta}\right)^2} \mathrm{d}\theta\right]^2} \mathrm{d}z,$$

这便是当 $\Delta h \to 0$ 时，用 Бауман 方法算出的斜面积所趋近的值。而 $\sqrt{\left(\sum\limits_{i=0}^{n-1} B_i\right)^2 + \left(\Delta h \sum\limits_{i=0}^{n-1} l_i\right)^2}$ 的极限

$$Bo = \sqrt{\left(\int_0^{2\pi} \mathrm{d}\theta \int_0^h \rho \frac{\partial\rho}{\partial z} \mathrm{d}z\right)^2 + \left[\int_0^h \mathrm{d}z \int_0^{2\pi} \sqrt{\rho^2 + \left(\frac{\partial\rho}{\partial\theta}\right)^2} \mathrm{d}\theta\right]^2}$$

便是用 Волков 方法算出的斜面积所趋近的值。

习知曲面的面积 S 为

$$S = \int_0^h \int_0^{2\pi} \sqrt{\rho^2 + \left(\frac{\partial\rho}{\partial\theta}\right)^2 + \left(\rho \frac{\partial\rho}{\partial z}\right)^2} \mathrm{d}\theta \mathrm{d}z,$$

引入一个复值函数

$$f(z,\theta)=-\rho\frac{\partial\rho}{\partial z}+\mathrm{i}\sqrt{\rho^2+\left(\frac{\partial\rho}{\partial\theta}\right)^2},$$

则

$$S=\int_0^h\int_0^{2\pi}\mid f(z,\theta)\mid \mathrm{d}\theta\mathrm{d}z,$$

$$\text{Ба}=\int_0^h\left|\int_0^{2\pi}f(z,\theta)\,\mathrm{d}\theta\right|\mathrm{d}z,$$

$$\text{Bo}=\left|\int_0^h\int_0^{2\pi}f(z,\theta)\,\mathrm{d}\theta\mathrm{d}z\right|。$$

由此可见

$$\text{Bo}\leqslant\text{Ба}\leqslant S。$$

结论：(i) Бауман 方法比 Волков 方法精密些。(ii) 所求出的结果比真正的结果常常偏低一些。

除此而外，不难讨论 Bo $=S$ 及 Ба $=S$ 的情况。我们还可以给出由这些方法所产生的误差的估计，并指出产生误差的原因及避免误差的方法。关于这些请参看[1]，[2]。

附记 1　本节所用的积分是可以避免的。

三、无法连续化——非负方阵

如产量，如能量，如概率，都不能是负数。在宇宙线的簇射过程中，在运筹学及概率论的若干问题中，往往出现非负元素的方阵，即某些物态的多寡经过某段时间之后的变化情况可以用非负方阵表达。更具体些说，例如有甲、乙、丙三种

物件各 a,b,c 个单位。但是经过一段时间 t 之后，甲类物质变为 ap_{11},ap_{12},ap_{13} 个单位的甲、乙、丙三类物质，而乙类物质变为 bp_{21},bp_{22},bp_{23} 个单位的甲、乙、丙三类物质；丙类物质变为 cp_{31},cp_{32},cp_{33} 个单位的甲、乙、丙三类物质。即经过时间 t 后，甲、乙、丙物质的数量各为

$$ap_{11}+bp_{21}+cp_{31}$$

$$ap_{12}+bp_{22}+cp_{32}$$

$$ap_{13}+bp_{23}+cp_{33}$$

个单位。由于物质不能变负，所以 $p_{ij}\geqslant 0$。方阵

$$\boldsymbol{P}=\begin{pmatrix} p_{11} & p_{12} & p_{13} \\ p_{21} & p_{22} & p_{23} \\ p_{31} & p_{32} & p_{33} \end{pmatrix}$$

称为变化方阵。如果原始物质的数量用矢量 $\boldsymbol{v}=(a,b,c)$ 表示，则经过时间 t 后，其数量将为

$$\boldsymbol{vP}。$$

如果仍然照这样的关系变化，则经过时间 $2t$ 将得

$$\boldsymbol{vP}^2。$$

经过时间 nt 则为

$$\boldsymbol{vP}^n。$$

当 n 增加时，我们可以看出发展趋势。

为了易于了解起见，我们回到单一的情况。设原来的数

量是 c，经过单位时间后变为 cq，经过 n 个单位时间得 cq^n。经过半个单位时间可以设想，它的数量是 $cq^{1/2}$（注意问题就在这儿了！）。一般地讲，可以设想在时间 t 的时候，它的数量是 $f(t)=cq^t$，它的微分表达式是

$$\frac{\mathrm{d}f}{\mathrm{d}t}=(\log q)f,\quad f(0)=c。$$

也就是说 $f(t)=cq^t$ 是微分方程唯一的解。

对于单一的现象，这个方法虽有在理论上不妥当的地方，即在时间 1/2 是否是 $q^{1/2}$ 倍，但是在应用的时候并不出现困难，其主要原因是一个正数可以任意开方，也就是

$$\lim_{\varepsilon\to 0}\frac{q^{\varepsilon}-1}{\varepsilon}=\log q$$

是实的存在的。这个规律可以描述为**量的增加率与时间成比例**。因此可能事实上虽然 $q^{1/2}$ 不定义，但我们理想地设想它存在，并不会发生什么矛盾。

如果有人希望把这一规律推广到多个现象的时候，那就势所必然地要求，求方阵 $\boldsymbol{P}$ 的平方根，求方阵 $\boldsymbol{P}$ 的任意方根。是否有非负方阵的平方等于 $\boldsymbol{P}$? 如果没有，则用微分处理是不可能的。举个例子，没有非负方阵的平方等于

$$\begin{pmatrix}0 & 1\\ 1 & 0\end{pmatrix}。$$

其理由是极简单的，如果

$$\begin{pmatrix} a & b \\ c & d \end{pmatrix}^2 = \begin{pmatrix} 0 & 1 \\ 1 & 0 \end{pmatrix},$$

则 $a^2+bc=0$，由 a,b,c 的非负性质得 $a=0$ 及 b 或 $c=0$。这是不可能的。换言之，如果方阵 $\boldsymbol{P}$ 不是“无穷可分的”，也就是没有实方阵 $\boldsymbol{Q}$ 使 $\boldsymbol{P}=\mathrm{e}^{\boldsymbol{Q}}$，则不可能用微分方法来处理。在研究线性弹性系统微振动的颤动性质的时候，所对应的方阵的特征根全是正的，而且是不同的，因而 $\boldsymbol{Q}$ 是存在的。但在经济现象中，有波浪式前进、螺旋式上升的现象，这说明它所对应的方阵不可能全部是正根，而可能有负根或复根存在，如果出现负根则就无法保证“无穷可分”性。因而用微分方程的理论来笼统地处理经济现象是欲巧反拙的。

在物理现象及概率现象中，当运用微分方程来处理这种现象的时候，既要考虑能不能，又要考虑要不要，如果并不能证明“无穷可分”，用差分方程保险些。在证明了“无穷可分”时，也可能用差分方程更简单些。不一定要用微分方程。

这儿再说些题外之言，完成演变所需要的时间是否有“单位”存在？即短于这个时间，不能完成某种演变。在这样的情况下，“差分”法比“微分”法更能表达客观现象。在这种现象中，时间变为“离散”。但基本单位是多长？如果多种不同单位现象的混合，情况又如何？在数学上反映出来更有可度约与不可度约的情况。因而类似数论中 Diophantine 逼近的现象出现了，但确是远更复杂的问题。

附记 1 关于非负方阵的一些性质。

定理 1 如果

$$\sum_{i=1}^{n} a_{ij} \leqslant q, \quad a_{ij} \geqslant 0, j = 1,2,\cdots,n, \tag{1}$$

则方阵 $\mathbf{A}=(a_{ij})$的特征根的绝对值都$\leqslant q$。

这个定理的证明是很简单的。由特征根 λ 的定义，有非全为零的 $x_1,\cdots,x_n$ 使

$$\sum_{j=1}^{n} a_{ij}x_j = \lambda x_i。$$

因此

$$|\lambda||x_i| \leqslant \sum_{j=1}^{n} a_{ij}|x_j|,$$

所以

$$|\lambda| \sum_{i=1}^{n} |x_i| \leqslant \sum_{j=1}^{n} \left(\sum_{i=1}^{n} a_{ij}\right)|x_j| \leqslant q\sum_{j=1}^{n} |x_j|,$$

即得所证。

这一性质在以后要用，所以给予证明。实质上，非负方阵的若干性质与特征，似乎都有它的经济学(或其他用得到它的学科)上的重要意义。例如，非负方阵有一个最大正特征根，这似乎可以用来作为一个经济体系的发展速度的标志，而对应于这个特征根有一非负元素的特征矢量，这个特征矢量似乎反映了各种产品之间，或产品与劳动之间的正确

等价关系。如果有复虚数的特征根存在,则反映了可能若干部门间会出现螺旋式上升、波浪式前进的情况。

不仅如此,还可以提供"应当改进哪些系数(如每吨钢的煤耗系数)可能使我们的经济系统增长最快"的线索。因而决定应当改进的关键性的环节。当然这样的建议只能作为参考,而更重要的是人的作用。

四、多算了反而吃亏——实用调和分析

在广泛的应用中,我们经常要把一个函数$f(x)$展开成Fourier 级数,即

$$f(x) \sim \frac{a_0}{2} + \sum_{m=1}^{+\infty} (a_m \cos mx + b_m \sin mx), \tag{1}$$

这儿

$$\begin{aligned} a_m &= \frac{1}{\pi}\int_0^{2\pi} f(x)\cos mx\,\mathrm{d}x, \\ b_m &= \frac{1}{\pi}\int_0^{2\pi} f(x)\sin mx\,\mathrm{d}x。\end{aligned} \tag{2}$$

有时用等价的复数形式的 Fourier 级数

$$\begin{aligned} f(x) &\sim \sum_{m=-\infty}^{+\infty} C_m \mathrm{e}^{\mathrm{i}mx}, \\ C_m &= \frac{1}{2\pi}\int_0^{2\pi} f(x)\mathrm{e}^{-\mathrm{i}mx}\,\mathrm{d}x。\end{aligned} \tag{3}$$

如果 $f(x)$是由试验得来的，有时仅测得有限个数据，根据这有限个数据，怎样求出渐近的 Fourier 级数来呢？有时 $f(x)$即使有解析表达式，但积分(2)，(3)的原函数无法获得，因而必须进行数值积分。对于这两种情况，一般都用以下的方法来处理。

假定在$[0,2\pi]$中给了 $n(=2n'+1)$个点的函数值

$$y_l=f\left(\frac{2\pi l}{n}\right),\quad 0\leqslant l\leqslant n-1。$$

而用

$$a_m \sim a'_m = \frac{2}{n}\sum_{l=0}^{n-1} y_l\cos\frac{2\pi lm}{n},$$

及

$$b_m \sim b'_m = \frac{2}{n}\sum_{l=0}^{n-1} y_l\sin\frac{2\pi lm}{n}$$

来近似计算 a_m 与 b_m。也许会出现这样的错觉，少取几个数据，利用现代计算工具多算几项 a'_m, b'_m，则

$$\frac{a_0}{2}+\sum_{m=1}^{N}(a'_m\cos mx+b'_m\sin mx) \tag{4}$$

会更精确地逼近 $f(x)$。这是不对的，如果仅给了 n 个数据，即用 n 个点的函数值来近似计算 a_m 与 b_m。过多的计算不但不能增加精确度，反而会增大误差，甚至于变成荒谬的结论。其理由是$a'_m=a'_{n+m}, b'_m=b'_{n+m}(m=1,2,\cdots)$，所以级数

$$\frac{a'_0}{2}+\sum_{m=1}^{+\infty}(a'_m\cos mx+b'_m\sin mx) \tag{5}$$

是发散的。因而一直算下去,所得出的结果将大大偏离于原来所给的函数 $f(x)$[特别当 $f(x)$是有一定光滑的函数,例如连续、可微商等]。我们可以证明最好是算到 n 项,多算则浪费精力,造成更大的误差,少算则没有充分利用数据。

用初等指数和的方法来处理这一问题,方法是离散性的,并且亦易于计算,先从复数形式的 Fourier 级数算起:假定在区间$[-\pi,\pi]$中给了函数$f(x)$的 $n(=2n'+1)$个数据

$$y_l=f\left(\frac{2\pi l}{n}\right),\quad l=0,\pm 1,\cdots,\pm n'。 \tag{6}$$

利用公式

$$\frac{1}{n}\sum_{l=-n'}^{n'}\mathrm{e}^{2\pi \mathrm{i}lm/n}=\begin{cases}0, & 若\ n\nmid m,\\ 1, & 若\ n\mid m。\end{cases} \tag{7}$$

可以从

$$y_l=\sum_{m=-n'}^{n'}C'_m\mathrm{e}^{2\pi \mathrm{i}lm/n},\quad |l|\leqslant n' \tag{8}$$

定出 C'_m 来。定 C'_m 的方法是:以 $\mathrm{e}^{-2\pi \mathrm{i}lq/n}$ 乘(8)式,并对 l 求和,由(7)式得出

$$\sum_{l=-n'}^{n'}y_l\mathrm{e}^{-2\pi \mathrm{i}lq/n}=\sum_{m=-n'}^{n'}C'_m\sum_{l=-n'}^{n'}\mathrm{e}^{2\pi \mathrm{i}(m-q)l/n}=nC'_q。 \tag{9}$$

因此建议我们用

$$S_n(x)=\sum_{m=-n'}^{n'}C'_m\mathrm{e}^{\mathrm{i}mx},$$

$$C'_m=\frac{1}{n}\sum_{l=-n'}^{n'}y_l\mathrm{e}^{-2\pi\mathrm{i}lm/n} \tag{10}$$

来逼近 $f(x)$。我们现在来估计 $S_n(x)$与 $f(x)$的误差。

定理 1 假定 $f(x)$在$[-\pi,\pi]$中有 $r(\geqslant 2)$阶连续微商，而且是以 2π 为周期的函数，并且假定

$$|f^{(r)}(x)|<C,$$

则

$$|f(x)-S_n(x)|<\frac{4C}{(r-1)n'^{r-1}}。 \tag{11}$$

证明 已知

$$f(x)=\sum_{m=-\infty}^{+\infty}C_m\mathrm{e}^{\mathrm{i}mx},$$

$$C_m=\frac{1}{2\pi}\int_{-\pi}^{\pi}f(x)\mathrm{e}^{-\mathrm{i}mx}\mathrm{d}x。 \tag{12}$$

分部积分 r 次得

$$C_m=\frac{1}{2\pi(\mathrm{i}m)^r}\int_{-\pi}^{\pi}f^{(r)}(x)\mathrm{e}^{-\mathrm{i}mx}\mathrm{d}x。$$

立刻推得

$$|C_m|\leqslant\frac{C}{|m|^r}。$$

因此

$$\left|f(x)-\sum_{m=-n'}^{n'}C_m e^{imx}\right|\leqslant 2\sum_{m=n'+1}^{+\infty}\frac{C}{|m|^r}$$

$$\leqslant 2C\int_{n'}^{\infty}\frac{dx}{x^r}=\frac{2C}{(r-1)n'^{r-1}}。\qquad (13)$$

当 $|m|\leqslant n'$ 时，

$$C_m-C'_m=C_m-\frac{1}{n}\sum_{l=-n'}^{n'}y_l e^{-2\pi ilm/n}$$

$$=C_m-\frac{1}{n}\sum_{l=-n'}^{n'}e^{-2\pi ilm/n}\sum_{q=-\infty}^{+\infty}C_q e^{2\pi iql/n}$$

$$=C_m-\frac{1}{n}\sum_{q=-\infty}^{+\infty}C_q\sum_{l=-n'}^{n'}e^{2\pi i(q-m)l/n}$$

$$=C_m-\sum_{\substack{q=-\infty\\ q\equiv m(\bmod n)}}^{+\infty}C_q,$$

因此

$$|C_m-C'_m|\leqslant\sum_{t=-\infty}^{+\infty}{}'|C_{m+nt}|,$$

这儿$\sum'$表示和号中除去$t=0$一项。因此

$$\left|\sum_{m=-n'}^{n'}(C_m-C'_m)e^{imx}\right|\leqslant\sum_{m=-n'}^{n'}\sum_{t=-\infty}^{+\infty}{}'|C_{m+nt}|$$

$$\leqslant\sum_{m=-n'}^{n'}\sum_{t=-\infty}^{+\infty}\frac{C}{|m+nt|^r}$$

$$\leqslant 2C\sum_{l=n'+1}^{+\infty}\frac{1}{l^r}$$

$$\leqslant\frac{2C}{(r-1)n'^{r-1}}。\qquad (14)$$

［任一整数 l 可以唯一地表示成 $nt+m(|m|\leqslant n')$ 的形式，但 $t\neq 0$，这表达除去 $|l|\leqslant n'$ 以外的所有整数，故得所云。］

因此由(12)，(13)，(14) 得

$$|f(x)-S_n(x)|<\frac{4C}{(r-1)n'^{r-1}}。$$

在实际计算的时候，$S_n(x)$ 还可以表达得更简单些。

$$\begin{aligned}
S_n(x) &= \sum_{m=-n'}^{n'} C'_m e^{imx} = \frac{1}{n}\sum_{m=-n'}^{n'}\sum_{l=-n'}^{n'} y_l e^{-2i\pi lm/n} e^{imx} \\
&= \frac{1}{n}\sum_{l=-n'}^{n'} y_l \sum_{m=-n'}^{n'} e^{i(x-2\pi l/n)m} \\
&= \frac{1}{n}\sum_{l=-n'}^{n'} y_l \frac{\sin\left(n'+\frac{1}{2}\right)(x-2\pi l/n)}{\sin\frac{1}{2}(x-2\pi l/n)} \\
&= \frac{1}{n}\sum_{l=-n'}^{n'} y_l \frac{\sin\left(\frac{1}{2}nx-\pi l\right)}{\sin\frac{1}{2}(x-2\pi l/n)} \\
&= \frac{\sin\frac{1}{2}nx}{n}\sum_{l=-n'}^{n'}\frac{(-1)^l y_l}{\sin\frac{1}{2}(x-2\pi l/n)}。 \qquad (15)
\end{aligned}$$

附记 1　如果分点

$$0\leqslant x_1<\cdots<x_n<2\pi$$

不是均匀的，则可以由联立方程

$$\begin{cases} \dfrac{a_0'}{2} + \sum\limits_{m=1}^{n'} [a_m' \cos mx_i + b_m' \sin mx_i] = y_i, \ (1 \leqslant i \leqslant n) \\ \dfrac{a_0'}{2} + \sum\limits_{m=1}^{n'} [a_m' \cos mx + b_m' \sin mx] = y(x) \end{cases}$$

消去 a_0', a_m', b_m' 而得出 y 与 $y_1, \cdots, y_n$ 的关系。

五、差分方法——连续与离散间一座常用的桥梁

在微分方程的求解中，我们常用差分方法，这是一个应用十分广泛的方法。简言之，这一方法是将微分方程的求解问题化为代数方程(即所谓差分方程)的求解问题。为了简单起见，作为例子，我们现在扼要地介绍一下用这一方法来处理 Laplace 方程的 Dirichlet 问题的过程。在求解差分方程时，我们将要谈到代数方法与 Monte Carlo 方法，并作一些分析比较。

问题：命 G 是一个有光滑周界的有界的平面单联通区域。在它的边界 Γ 上给了一个连续函数 $f(x,y)$，求连续函数 $u(x,y)$ 适合于

(i)在 G 内满足 Laplace 方程

$$\frac{\partial^2 u}{\partial x^2} + \frac{\partial^2 u}{\partial y^2} = 0。 \tag{1}$$

(ii)在 Γ 上取已给函数 f 的值。

关于 u 的近似求法的步骤如次：

Ⅰ.网格化。在平面上作与坐标轴平行的两族曲线

$$x=mh,y=nh,$$

这儿 h 是某一正数，而 m,n 过所有的整数值。这样的区域 G 当然被一些以 h 为边长的正方形所覆盖(图 2)。正方形的顶点称为整点。与 G 有公共点的正方形所成的区域以 G^* 表之。G^* 是一多边形。命 Q 是 G^* 的边界上的整点，假定 Γ 与 Q 的最近点是 P(如果有许多点有相同的距离，则可取其中的任意一点)，我们定义 $f(Q)=f(P)$。这样在 G^* 的边界 Γ^* 的整点上都有了函数值 $f(Q)$。

Ⅱ.差分化。用

$$\frac{u(x+h,y)-2u(x,y)+u(x-h,y)}{h^2}$$

及

$$\frac{u(x,y+h)-2u(x,y)+u(x,y-h)}{h^2}$$

各代替二阶偏微商$\frac{\partial^2 u}{\partial x^2}$及$\frac{\partial^2 u}{\partial y^2}$，则 Laplace 方程可以改写为

$$u(x,y)=\frac{1}{4}[u(x+h,y)+u(x-h,y)+u(x,y+h)+u(x,y-h)]。\tag{2}$$

也就是在非边界整点(x,y)，函数$u(x,y)$的数值等于其东、南、西、北四邻近整点的函数值的平均(图 3)。

Ⅲ. 问题一变而为已知多边形边界整点的函数值而求内部整点的函数值的问题了，即问题化为求解线性方程组(2)。

但是由此得到的是否会是矛盾方程组？是否仅有唯一的解？都是必须解答的问题。我们现在先举一个简单的例子，然后就直觉地看出一般的理论了。

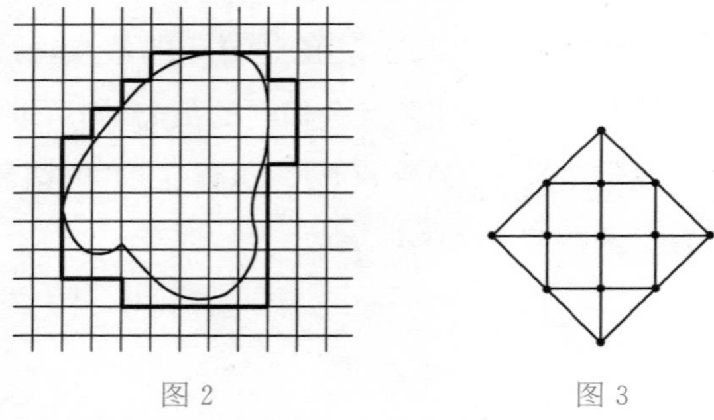

图 2　　　　图 3

不妨取$h=1$，给了八点的函数值$u(2,0)$，$u(1,1)$，$u(0,2)$，$u(-1,1)$，$u(-2,0)$，$u(-1,-1)$，$u(0,-2)$，$u(1,-1)$，求$u(0,0)$，$u(1,0)$，$u(0,1)$，$u(-1,0)$，$u(0,-1)$五值。①

将方程式全部列出：

①不难看出，对于这个例子，图 3 与图形是等价的。

$$\left.\begin{aligned}
u(0,0)&=\frac{1}{4}[u(1,0)+u(0,1)+u(-1,0)+u(0,-1)]\\
u(1,0)&=\frac{1}{4}[u(2,0)+u(1,1)+u(0,0)+u(1,-1)]\\
u(0,1)&=\frac{1}{4}[u(1,1)+u(0,2)+u(-1,1)+u(0,0)]\\
u(-1,0)&=\frac{1}{4}[u(0,0)+u(-1,1)+u(-2,0)+u(-1,-1)]\\
u(0,-1)&=\frac{1}{4}[u(1,-1)+u(0,0)+u(-1,-1)+u(0,-2)]。
\end{aligned}\right\}\quad(3)$$

由消去法得出

$$u(0,0)=\frac{1}{12}[u(2,0)+u(0,2)+u(-2,0)+u(0,-2)]+\frac{1}{6}[u(1,1)+u(-1,1)+u(-1,-1)+u(1,-1)],\quad(4)$$

$$u(1,0)=\frac{13}{48}u(2,0)+\frac{7}{24}[u(1,1)+u(1,-1)]+\frac{1}{24}[u(-1,1)+u(-1,-1)]+\frac{1}{48}[u(0,2)+u(-2,0)+u(0,-2)]\quad(5)$$

等等。

这些系数$\frac{1}{6}$，$\frac{1}{12}$，$\frac{13}{48}$，…的意义是什么？我们以后再交代。先作以下的代数处理，把这十三个点的函数值作为一个列矢量的元素，则(3)式可以写成

$$
\begin{pmatrix} u(0,0)\\ u(1,0)\\ u(0,1)\\ u(-1,0)\\ u(0,-1)\\ u(1,1)\\ u(-1,1)\\ u(-1,-1)\\ u(1,-1)\\ u(2,0)\\ u(0,2)\\ u(-2,0)\\ u(0,-2) \end{pmatrix}
=
\left(\begin{array}{ccccc|cccccccc}
0 & \frac{1}{4} & \frac{1}{4} & \frac{1}{4} & \frac{1}{4} & 0 & 0 & 0 & 0 & 0 & 0 & 0 & 0\\
\frac{1}{4} & & & & & \frac{1}{4} & 0 & 0 & \frac{1}{4} & \frac{1}{4} & 0 & 0 & 0\\
\frac{1}{4} & & \mathbf{0} & & & \frac{1}{4} & \frac{1}{4} & 0 & 0 & 0 & \frac{1}{4} & 0 & 0\\
\frac{1}{4} & & & & & 0 & \frac{1}{4} & \frac{1}{4} & 0 & 0 & 0 & \frac{1}{4} & 0\\
\frac{1}{4} & & & & & 0 & 0 & \frac{1}{4} & \frac{1}{4} & 0 & 0 & 0 & \frac{1}{4}\\
\hline
 & & & & & 1 & & & & & & & \\
 & & & & & & 1 & & & & & & \\
 & & & & & & & 1 & & & \mathbf{0} & & \\
 & & & & & & & & 1 & & & & \\
 & & \mathbf{0} & & & & & & & 1 & & & \\
 & & & & & & & \mathbf{0} & & & 1 & & \\
 & & & & & & & & & & & 1 & \\
 & & & & & & & & & & & & 1
\end{array}\right)
\begin{pmatrix} u(0,0)\\ u(1,0)\\ u(0,1)\\ u(-1,0)\\ u(0,-1)\\ u(1,1)\\ u(-1,1)\\ u(-1,-1)\\ u(1,-1)\\ u(2,0)\\ u(0,2)\\ u(-2,0)\\ u(0,-2) \end{pmatrix}。 \tag{6}
$$

可以抽象为

$$
\begin{pmatrix} \boldsymbol{u}\\ \boldsymbol{v} \end{pmatrix}=\begin{pmatrix} \boldsymbol{P} & \boldsymbol{Q}\\ \boldsymbol{O} & \boldsymbol{I} \end{pmatrix}\begin{pmatrix} \boldsymbol{u}\\ \boldsymbol{v} \end{pmatrix}。 \tag{7}
$$

这儿 $\boldsymbol{v}$ 是边界整点的函数值所组成的列矢量，而 $\boldsymbol{u}$ 是“内部整点”的函数值所组成的列矢量。这种表达法对一般的问题都对。它实质上表达了两件事：(i)内部整点的函数值可以表示为其东、南、西、北四邻近整点的函数值的平均。(ii)边界点仍然是边界点。

因为一个整点只能是不超过四个整点的邻近点，所以方阵 $\boldsymbol{P}$ 的每列元素之和皆$\leqslant 1$。现在来证明 $\boldsymbol{P}^2$ 的每列元素之和皆<1。盖若不然，由于 $\boldsymbol{P}$ 的元素只能取 0 与 1/4 二值，故 $\boldsymbol{P}$ 必包有子方阵

$$\begin{pmatrix} \frac{1}{4} & \frac{1}{4} & \frac{1}{4} & \frac{1}{4} \\ \frac{1}{4} & \frac{1}{4} & \frac{1}{4} & \frac{1}{4} \\ \frac{1}{4} & \frac{1}{4} & \frac{1}{4} & \frac{1}{4} \\ \frac{1}{4} & \frac{1}{4} & \frac{1}{4} & \frac{1}{4} \end{pmatrix}。$$

但是因为不能有两个不同的整点具有同样的东、南、西、北四邻近整点，所以这是不可能的。因此 $\boldsymbol{P}^2$ 的每列元素之和皆<1。因此可知 $\boldsymbol{P}^2$ 的特征根的绝对值皆<1，从而

$$\lim_{n\to\infty}\boldsymbol{P}^n=\boldsymbol{0}。$$

而且

$$\boldsymbol{Q}+\boldsymbol{PQ}+\boldsymbol{P}^2\boldsymbol{Q}+\cdots$$

收敛[收敛于$(\boldsymbol{I}-\boldsymbol{P})^{-1}\boldsymbol{Q}$]。将(7)式连续迭代 n 次得

$$\begin{pmatrix} \boldsymbol{u} \\ \boldsymbol{v} \end{pmatrix}=\begin{pmatrix} \boldsymbol{P} & \boldsymbol{Q} \\ \boldsymbol{O} & \boldsymbol{I} \end{pmatrix}^n\begin{pmatrix} \boldsymbol{u} \\ \boldsymbol{v} \end{pmatrix}$$

$$=\begin{pmatrix}\boldsymbol{P}^n & \boldsymbol{Q}+\boldsymbol{PQ}+\boldsymbol{P}^2\boldsymbol{Q}+\cdots+\boldsymbol{P}^{n-1}\boldsymbol{Q}\\ \boldsymbol{O} & \boldsymbol{I}\end{pmatrix}\begin{pmatrix}\boldsymbol{u}\\ \boldsymbol{v}\end{pmatrix}。$$

命 $n\to\infty$，则得

$$\begin{pmatrix}\boldsymbol{u}\\ \boldsymbol{v}\end{pmatrix}=\begin{pmatrix}\boldsymbol{O} & \boldsymbol{Q}+\boldsymbol{PQ}+\boldsymbol{P}^2\boldsymbol{Q}+\cdots\\ \boldsymbol{O} & \boldsymbol{I}\end{pmatrix}\begin{pmatrix}\boldsymbol{u}\\ \boldsymbol{v}\end{pmatrix}。$$

因此

$$\boldsymbol{u}=(\boldsymbol{Q}+\boldsymbol{PQ}+\boldsymbol{P}^2\boldsymbol{Q}+\cdots)\boldsymbol{v}=(\boldsymbol{I}+\boldsymbol{P}+\boldsymbol{P}^2+\cdots)\boldsymbol{Qv}。\quad(8)$$

这就是问题的解答。也就是当给了边界整点的函数值 $\boldsymbol{v}$，可以由(8)式算出内部整点的函数值 $\boldsymbol{u}$ 来，这建议了以下的算法。

(A)代数法。把 $\boldsymbol{u}$ 写成列矢量 $(u_1,\cdots,u_l)'$，$\boldsymbol{v}$ 写成 $(v_1,\cdots,v_k)'$，如果内部整点[①] u_i 与边界整点 v_i 相邻，则在 $\boldsymbol{Q}$ 的 (i,j) 位置记上1/4，否则记上 0。如果内部整点 u_i 与 u_j 相邻，则在 $\boldsymbol{P}$ 的 (i,j) 位置记上 1/4，否则记上 0。这样得出 $\boldsymbol{P}$ 与 $\boldsymbol{Q}$，用以下的格式算出(8)来。

	$\boldsymbol{Qv}$	
$\boldsymbol{P}$	$\boldsymbol{PQv}$	$\boldsymbol{R}_1=\boldsymbol{Qv}+\boldsymbol{PQv}$
$\boldsymbol{P}^2$	$\boldsymbol{P}^2\boldsymbol{R}_1$	$\boldsymbol{R}_2=\boldsymbol{R}_1+\boldsymbol{P}^2\boldsymbol{R}_1$
$\boldsymbol{P}^4$	$\boldsymbol{P}^4\boldsymbol{R}_2$	$\boldsymbol{R}_3=\boldsymbol{R}_2+\boldsymbol{P}^4\boldsymbol{R}_2$
$\boldsymbol{P}^8$	$\boldsymbol{P}^8\boldsymbol{R}_3$	$\boldsymbol{R}_4=\boldsymbol{R}_3+\boldsymbol{P}^8\boldsymbol{R}_3$
⋮	⋮	⋮

用到我们的例子上，由于

① 内部整点与边界整点亦分别记为 $u_1,\cdots,u_l$ 与 $v_1,\cdots,v_k$，请勿混淆。

$$\boldsymbol{P}^3=\frac{1}{4}\boldsymbol{P},$$

所以

$$\begin{aligned}
&\boldsymbol{Q}+\boldsymbol{P}\boldsymbol{Q}+\boldsymbol{P}^2\boldsymbol{Q}+\cdots\\
=&\left[\boldsymbol{I}+(\boldsymbol{P}+\boldsymbol{P}^2)\left(1+\frac{1}{4}+\frac{1}{4^2}+\cdots\right)\right]\boldsymbol{Q}\\
=&\left[\boldsymbol{I}+\frac{4}{3}(\boldsymbol{P}+\boldsymbol{P}^2)\right]\boldsymbol{Q}\\
=&\begin{pmatrix}
\frac{1}{6} & \frac{1}{6} & \frac{1}{6} & \frac{1}{6} & \frac{1}{12} & \frac{1}{12} & \frac{1}{12} & \frac{1}{12}\\
\frac{7}{24} & \frac{1}{24} & \frac{1}{24} & \frac{7}{24} & \frac{13}{48} & \frac{1}{48} & \frac{1}{48} & \frac{1}{48}\\
\frac{7}{24} & \frac{7}{24} & \frac{1}{24} & \frac{1}{24} & \frac{1}{48} & \frac{13}{48} & \frac{1}{48} & \frac{1}{48}\\
\frac{1}{24} & \frac{7}{24} & \frac{7}{24} & \frac{1}{24} & \frac{1}{48} & \frac{1}{48} & \frac{13}{48} & \frac{1}{48}\\
\frac{1}{24} & \frac{1}{24} & \frac{7}{24} & \frac{7}{24} & \frac{1}{48} & \frac{1}{48} & \frac{1}{48} & \frac{13}{48}
\end{pmatrix}。
\end{aligned}$$

必须指出，这儿所介绍的计算程序比解方程组的普通程序更快速些。

现在再来看看(4)，(5)中系数的几何意义。看一下(4)式中的$\frac{1}{6}$及$\frac{1}{12}$可能会想到：由(0，0)出发到(0，2)有一条直路，到(1，1)有两条路“⌈”与“⌋”，一共有12条路，因而到(0，2)的可能性是$\frac{1}{12}$，而到(1，1)的可能性是$\frac{2}{12}=\frac{1}{6}$，等等。

这种讲法是有道理的，但不易推广。请看下面的说法：从(0,0)到其东、南、西、北各邻近点的可能性各占$\frac{1}{4}$。但这四点均非边界整点，因而由(0,0)一步到达边界的可能性是零。

任何一内点到其四邻近点的可能性都是$\frac{1}{4}$。因此从(0,0)走两步，共16种可能性，其中到一顶点的各有一种(共四种)，到一边点的各有二种(共八种)，进一步退一步仍在原点的四种。因此任意走两步到达每一顶点的可能性是$\frac{1}{16}$，到达每一边点的可能性是$\frac{2}{16}=\frac{1}{8}$，仍回原地的可能性是$\frac{1}{4}$。

走三步不可能由(0,0)到达边界点。

再看走四步的情况，走两步已达边界的情况不谈了。后二步依然从(0,0)出发，但现在到边界点的可能性要乘上$\frac{1}{4}$了。即由(0,0)走四步到达每一顶点的可能性是$\frac{1}{4}\times\frac{1}{16}$，到达每一边点的可能性是$\frac{1}{4}\times\frac{1}{8}$。而返回原地的可能性是$\frac{1}{4}\times\frac{1}{4}$。

五步不能，而六步的可能性各为

$$\frac{1}{4^2}\times\frac{1}{16},\quad \frac{1}{4^2}\times\frac{1}{8},\quad \frac{1}{4^2}\times\frac{1}{4}。$$

等等。由(0,0)出发走奇数步到达边界点的可能性是没有的。走 $2l$ 步到达每一顶点的可能性是

$$\frac{1}{4^{l-1}}\times\frac{1}{16}。$$

到达每一边点的可能性是

$$\frac{1}{4^{l-1}}\times\frac{1}{8}。$$

而返回原地的可能性是

$$\frac{1}{4^l}。$$

因此,到达每一顶点的可能性是

$$\frac{1}{16}+\frac{1}{4}\times\frac{1}{16}+\frac{1}{4^2}\times\frac{1}{16}\cdots=\frac{1}{16}\times\left(1+\frac{1}{4}+\frac{1}{4^2}+\cdots\right)$$

$$=\frac{1}{16}\times\left(1-\frac{1}{4}\right)^{-1}=\frac{1}{12}。$$

而到达每一边点的可能性是

$$\frac{1}{8}\times\left(1+\frac{1}{4}+\frac{1}{4^2}+\cdots\right)=\frac{1}{6}。$$

返回原地的可能性是

$$\lim_{l\to\infty}\frac{1}{4^l}=0。$$

这就是概率论中的随机游动。

再看(5)式中$\frac{13}{48}$的意义：由(1,0)一步可能到达(2,0)，可能性是$\frac{1}{4}$。由(1,0)走一步不到边界点只可能到(0,0)，可能性是$\frac{1}{4}$，以后的情况与从(0,0)出发相同。因此走一步以上到达(2,0)的可能性是$\frac{1}{4}\cdot\frac{1}{12}$。总的可能性是

$$\frac{1}{4}+\frac{1}{4}\cdot\frac{1}{12}=\frac{13}{48}。$$

同样到(1,1)[或(1,−1)]的可能性是

$$\frac{1}{4}+\frac{1}{4}\cdot\frac{1}{6}=\frac{7}{24}。$$

到其他的边界点必经(0,0)，因此就是(0,0)到达这些点的可能性乘以$\frac{1}{4}$，即得

$$\frac{1}{4}\cdot\frac{1}{12}=\frac{1}{48}\quad 与\quad \frac{1}{4}\cdot\frac{1}{6}=\frac{1}{24}。$$

从这一简单的例子，不难直觉地看出一般的理论。这也建议我们用概率法来解决“Laplace 方程的边界值问题”。实质上，是解决“差分化后的代数方程组”。

(B) Monte Carlo 法(或概率法)。我们先一般地定义二维随机游动如下：设有一质点从 G^* 的某一整点出发，以等概率 1/4 向其东、南、西、北四相邻整点移动一步，然后再以同样的方式，从新的位置向其相邻的四整点移动一步，如此继续

下去,直到到达某一边界整点,游动便告终止,如图 4 所示,设随机游动的一条路线是

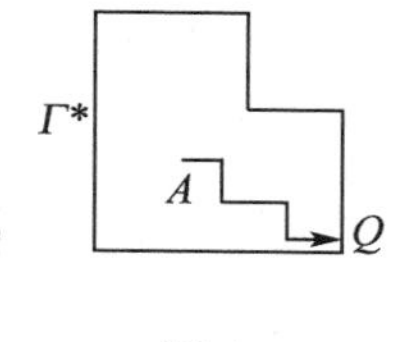

图 4

$$\gamma_A: A \to A_1 \to \cdots \to A_{l-1} \to Q \in \Gamma^*,$$

则定义随机变量的值为

$$\xi = \xi(\gamma_A) = f(Q),$$

此处 $f(Q)$ 为边界整点 Q 的函数值。若 Q 为边界整点,则定义

$$\xi = \xi(\gamma_Q) = f(Q)。$$

随机变量 ξ 的数学期望 $E(\xi)$ 即方程组(2)的解。换言之

$$E[\xi(\gamma_A)] = \frac{1}{4}\sum_{i=1}^{4} E[\xi(\gamma_{A_{1i}})], \text{若 } A \in G^*, \tag{9}$$

及

$$E[\xi(\gamma_Q)] = f(Q), \text{若 } Q \in \Gamma^*, \tag{10}$$

此处 $A_{11}, A_{12}, A_{13}, A_{14}$ 分别为 A 的东、南、西、北四邻近点。

命 $P(\gamma_A)$ 表示循路线 γ_A 游动的概率。则

$$P(\gamma_A) = \frac{1}{4^l}。$$

因此

$$E[\xi(\gamma_A)] = \sum_{\gamma_A} \xi(\gamma_A) P(\gamma_A),$$

此处右端为对一切从 A 出发的游动路线求和。由 A 出发,第一步必然是走到其东、南、西、北四邻近点 $A_{11}, A_{12}, A_{13}, A_{14}$ 中

的一个,然后再继续游动。因此

$$E[\xi(\gamma_A)]=\sum_{i=1}^{4}\sum_{\gamma_{A_{1i}}}\xi(\gamma_{A_{1i}})P(A\to A_{1i})P(\gamma_{A_{1i}})。$$

由于 $P(A\to A_{1i})=\frac{1}{4}$,所以

$$\begin{aligned}E[\xi(\gamma_A)]&=\frac{1}{4}\sum_{i=1}^{4}\sum_{\gamma_{A_{1i}}}\xi(\gamma_{A_{1i}})P(\gamma_{A_{1i}})\\&=\frac{1}{4}\sum_{i=1}^{4}E[\xi(\gamma_{A_{1i}})]。\end{aligned}$$

此即(9)式。其次当 $Q\in\Gamma^*$ 时,只有一条游动路线,即停止不动。因此

$$E[\xi(\gamma_Q)]=\sum_{\gamma_Q}\xi(\gamma_Q)P(\gamma_Q)=\xi(\gamma_Q)=f(Q)。$$

故得(10)式。

设对 ξ 进行了 N 次观察得到

$$\xi_1,\cdots,\xi_N。$$

则根据大数定律可知,对于任意 $\varepsilon>0$ 皆有

$$\lim_{N\to\infty}P\left(\left|E(\xi)-\frac{1}{N}\sum_{i=1}^{N}\xi_i\right|\leqslant\varepsilon\right)=1。$$

因此当 N 充分大时

$$\frac{1}{N}\sum_{i=1}^{N}\xi_i$$

就可以作为 $E(\xi)$(即解答)的近似值。

随机游动一般是用物理方法或者用数学方法产生的随

机数来实现的。在此不详谈了。这里说一个通俗的办法：用粉笔将 G^* 画在围棋盘上。如果要求某点的函数值，可以先在此做一记号，再放上一个棋子，用标有东、南、西、北的正四面体骰子(图 5)投掷，如果落地的一面是东(或南，西，北)，则向东(或南，西，北)走一步，再掷再走，一直到达边界为止。这样便得到一条随机游动，边界点的函数值即游动的随机变量的值 ξ。进行充分多次的游动(设为 N 次)，记下 ξ 对这 N 次游动的值

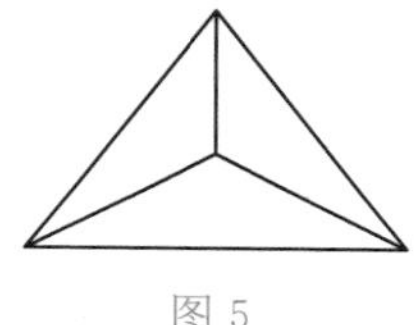

图 5

$$\xi_1, \cdots, \xi_N。$$

其算术平均就是所欲求点的函数值的近似值。

结论 差分方法的误差由三部分构成：(i)网格化时，移动边界值所产生的误差。(ii)差分化时，把微商换成差分的误差。(iii)解差分方程时，代数法产生的是普通的误差，而 Monte Carlo 法产生的是概率的误差。

因此，Monte Carlo 法产生的误差比代数法产生的误差更大些，亦更不可靠些。但另一方面，Monte Carlo 法的计算程序特别简单，而且如果我们只需要求得某些整点的函数值，而不是全部整点的函数值，用这一方法就更加经济了。

六、解析表达式——有时会引入迷途

有些解析公式看来不错，似乎是很解决问题的，甚至于

彻底解决问题的。但如果不假思索地加以运用却会引入迷途。如果较全面地理解“连续”与“离散”间的关系，这些失误是完全可以避免的！并且与此相反，反而有相辅相成之妙，也就是解析表达式可以启示新计算方法的苗头，而不仅仅是理论上的重要性而已。我们仍旧以 Laplace 方程的 Dirichlet 问题为例子，并且取区域为单位圆。Laplace 方程的极坐标形式是

$$\frac{1}{\rho}\frac{\partial}{\partial\rho}\left(\rho\frac{\partial u}{\partial\rho}\right)+\frac{1}{\rho^2}\frac{\partial^2 u}{\partial\theta^2}=0。\tag{1}$$

问题　求连续函数 $u(\rho,\theta)$，它在单位圆内适合(1)，而在圆周 Γ 上与已给的连续函数相符合。即

$$u(\rho,\theta)|_{\rho=1}=\varphi(\theta)。\tag{2}$$

今后常假定 $\varphi(\theta)$ 为 $[0,2\pi]$ 中有 $r(\geqslant 2)$ 阶连续微商，而且是以 2π 为周期的函数，并且假定 $|\varphi^{(r)}(\theta)|<C$。将 $\varphi(\theta)$ 展开成 Fourier 级数：

$$\varphi(\theta)=\frac{a_0}{2}+\sum_{m=1}^{\infty}(a_m\cos m\theta+b_m\sin m\theta),\tag{3}$$

此处

$$a_m=\frac{1}{\pi}\int_0^{2\pi}\varphi(\theta)\cos m\theta\mathrm{d}\theta,$$

$$b_m=\frac{1}{\pi}\int_0^{2\pi}\varphi(\theta)\sin m\theta\mathrm{d}\theta。\tag{4}$$

容易看出

$$\rho^m \cos m\theta, \quad \rho^m \sin m\theta (m=0,1,2,\cdots) \tag{5}$$

都是(1)式的解，而且分别以 $\cos m\theta$ 与 $\sin m\theta$ 为边界值。因此可以希望

$$u(\rho,\theta) = \frac{a_0}{2} + \sum_{m=1}^{\infty} (a_m \cos m\theta + b_m \sin m\theta) \rho^m \tag{6}$$

为(1)式适合(2)式及(3)式的解。由于

$$a_m = O\left(\frac{1}{m^r}\right), \quad b_m = O\left(\frac{1}{m^r}\right),$$

所以易见(6)式的确是(1)式适合(2)式及(3)式的解。因为

$$\begin{aligned}\frac{1}{2} + \sum_{m=1}^{\infty} \rho^m \cos m\theta &= R\left(\frac{1}{1-\rho e^{i\theta}}\right) - \frac{1}{2} \\ &= \frac{1-\rho\cos\theta}{1-2\rho\cos\theta+\rho^2} - \frac{1}{2} \\ &= \frac{1-\rho^2}{2(1-2\rho\cos\theta+\rho^2)},\end{aligned}$$

所以由(4)式，(6)式得

$$\begin{aligned}u(\rho,\theta) &= \frac{1}{\pi}\int_0^{2\pi} \varphi(\psi) \left[\frac{1}{2} + \sum_{m=1}^{\infty} (\cos m\theta \cos m\psi + \right. \\ &\qquad \left. \sin m\theta \sin m\psi) \rho^m\right] d\psi \\ &= \frac{1}{\pi}\int_0^{2\pi} \varphi(\psi) \left[\frac{1}{2} + \sum_{m=1}^{\infty} \rho^m \cos m(\theta-\psi)\right] d\psi \\ &= \frac{1}{2\pi}\int_0^{2\pi} \varphi(\psi) \frac{1-\rho^2}{1-2\rho\cos(\theta-\psi)+\rho^2} d\psi。\end{aligned} \tag{7}$$

这称为 Poisson 公式。

这是解答 $u(\rho,\theta)$ 的解析公式。这个公式的确很不错。似乎都把问题彻底解决了。但是仔细想一下,是否真的解决问题了呢？如果$\varphi(\psi)$给了之后,能够算出积分(7)(即找到原函数),则问题的确圆满解决了。但如果算不出积分(7)(这种情形比能算出的情形多得多),或者当边界值仅仅由试验给出了若干数据时,就产生了如何近似求解$u(\rho,\theta)$的问题了。很自然地会想到用数值积分的方法来近似计算(7)。我们将在下面指出这样做会导出很荒谬的结论来。

(i)由矩形公式,我们用

$$T_n(\rho,\theta)=\frac{1}{n}\sum_{l=0}^{n-1}\varphi\left(\frac{2\pi l}{n}\right)\frac{1-\rho^2}{1-2\rho\cos\left(\theta-\frac{2\pi l}{n}\right)+\rho^2} \tag{8}$$

来逼近 $u(\rho,\theta)$,现在来看看当 $\rho\to1-0$ 时的情况:

$$\lim_{\rho\to1-0}T_n(\rho,\theta)=\begin{cases}0,\text{当 }\theta\neq\frac{2\pi l}{n},\text{或 }\theta=\frac{2\pi l}{n}\text{ 而 }\varphi\left(\frac{2\pi l}{n}\right)=0\quad(0\leqslant l<n),\\ \infty,\text{当 }\theta=\frac{2\pi l}{n},\varphi\left(\frac{2\pi l}{n}\right)\neq0\quad(0\leqslant l<n)。\end{cases} \tag{9}$$

因此用 $T_n(\rho,\theta)$来逼近 $u(\rho,\theta)$是十分荒谬的。

(ii)我们在 Poisson 积分中,用阶梯函数

$$\varphi^*(\theta)=\varphi\left(\frac{2\pi l}{n}\right),$$

其中

$$\frac{2\pi l}{n}\leqslant\theta<\frac{2\pi(l+1)}{n}\quad(0\leqslant l<n) \tag{10}$$

来代替 $\varphi(\theta)$。换言之，用

$$R_n(\rho,\theta) = \frac{1}{2\pi}\int_0^{2\pi} \frac{\varphi^*(\psi)(1-\rho^2)}{1-2\rho\cos(\psi-\theta)+\rho^2}\mathrm{d}\psi \qquad (11)$$

来逼近 $u(\rho,\theta)$。由于

$$\log(1-\rho\mathrm{e}^{\mathrm{i}\theta}) = -\sum_{m=1}^{\infty}\frac{(\rho\mathrm{e}^{\mathrm{i}\theta})^m}{m},$$

取虚部即得

$$\sum_{m=1}^{\infty}\rho^m\frac{\sin m\theta}{m} = \mathrm{tg}^{-1}\frac{\rho\sin\theta}{1-\rho\cos\theta}。$$

因此

$$\begin{aligned}R_n(\rho,\theta) &= \sum_{l=0}^{n-1}\frac{\varphi\left(\frac{2\pi l}{n}\right)}{2\pi}\int_{\frac{2\pi l}{n}}^{\frac{2\pi(l+1)}{n}}\frac{1-\rho^2}{1-2\rho\cos(\theta-\psi)+\rho^2}\mathrm{d}\psi \\ &= \frac{1}{n}\sum_{l=0}^{n-1}\varphi\left(\frac{2\pi l}{n}\right)+\frac{1}{\pi}\sum_{l=0}^{n-1}\varphi\left(\frac{2\pi l}{n}\right)\cdot \\ &\quad \sum_{m=1}^{\infty}\left[\sin m\left(\frac{2\pi(l+1)}{n}-\theta\right)-\sin m\left(\frac{2\pi l}{n}-\theta\right)\right]\frac{\rho^m}{m} \\ &= \frac{1}{n}\sum_{l=0}^{n-1}\varphi\left(\frac{2\pi l}{n}\right)+\frac{1}{\pi}\sum_{l=0}^{n-1}\left[\varphi\left(\frac{2\pi(l+1)}{n}\right)- \right.\\ &\quad \left.\varphi\left(\frac{2\pi l}{n}\right)\right]\mathrm{tg}^{-1}\frac{\rho\sin\left(\frac{2\pi l}{n}-\theta\right)}{1-\rho\cos\left(\frac{2\pi l}{n}-\theta\right)}。\end{aligned} \qquad (12)$$

取 $\theta=C(1-\rho)^{\alpha}\left(\alpha>\frac{1}{2}\right)$。则

$$\lim_{\rho\to1-0}\mathrm{tg}^{-1}\frac{\rho\sin\theta}{1-\rho\cos\theta}=\lim_{\rho\to1-0}\mathrm{tg}^{-1}C(1-\rho)^{\alpha-1}。$$

换言之，当 $\rho\to 1-0,\theta\to 0$ 时，$\mathrm{tg}^{-1}\dfrac{\rho\sin\theta}{1-\rho\cos\theta}$可以趋近于$\left[-\dfrac{\pi}{2},\dfrac{\pi}{2}\right]$中的任意值。因此若 $\theta_0=\dfrac{2\pi l}{n}$，而且$\varphi\left[\dfrac{2\pi(l-1)}{n}\right]\neq\varphi\left(\dfrac{2\pi l}{n}\right)(0\leqslant l<n)$，则当 $\rho\to 1-0,\theta\to\theta_0$ 时，$R_n(\rho,\theta)$的极限是不存在的。所以必须给趋限的方法以限制。例如规定趋限是沿着向径的方向等。而且可以证明，虽然如此，用 $R_n(\rho,\theta)$来逼近$u(\rho,\theta)$，精密度仍然是不高的。在此就不作详细讨论了。

以上这两个从解析公式出发的近似计算方法都没有下面这个初等方法更为精密些。

设给了 $n(=2n'+1)$个点的函数值

$$y_l=\varphi\left(\frac{2\pi l}{n}\right)(|l|\leqslant n')。$$

则如第四节所示，命

$$S_n(\theta)=\sum_{m=-n'}^{n'}C'_m\mathrm{e}^{\mathrm{i}m\theta},$$

$$C'_m=\frac{1}{n}\sum_{l=-n'}^{n'}y_l\mathrm{e}^{-2\pi\mathrm{i}lm/n}。\text{①} \tag{13}$$

如果 $\varphi(\theta)$在$[-\pi,\pi]$中有 $r(\geqslant 2)$阶连续微商，而且是周期为

---

① 为简单起见，我们用复形式的 Fourier 级数。复形式与实形式的 Fourier 级数的关系为

$$C_m=\frac{1}{2}(a_m-\mathrm{i}b_m),C_{-m}=\frac{1}{2}(a_m+\mathrm{i}b_m)(m=1,2,\cdots)。$$

2π 的函数，并且有 $|\varphi^{(r)}(\theta)|<C$，则

$$|\varphi(\theta)-S_n(\theta)|<\frac{4C}{(r-1)n'^{r-1}}。 \tag{14}$$

命

$$S_n(\rho,\theta)=\sum_{m=-n'}^{n'}C'_m\mathrm{e}^{\mathrm{i}m\theta}\rho^{|m|}。 \tag{15}$$

则

$$u(\rho,\theta)-S_n(\rho,\theta)=\frac{1}{2\pi}\int_{-\pi}^{\pi}\frac{[\varphi(\psi)-S_n(\psi)](1-\rho^2)}{1-2\rho\cos(\theta-\psi)+\rho^2}\mathrm{d}\psi。$$

所以

$$\begin{aligned}&|u(\rho,\theta)-S_n(\rho,\theta)|\\ \leqslant&\frac{1}{2\pi}\int_{-\pi}^{\pi}\frac{|\varphi(\psi)-S_n(\psi)|(1-\rho^2)}{1-2\rho\cos(\theta-\psi)+\rho^2}\mathrm{d}\psi\\ <&\frac{4C}{(r-1)n'^{r-1}}\cdot\frac{1}{2\pi}\int_{-\pi}^{\pi}\frac{1-\rho^2}{1-2\rho\cos(\theta-\psi)+\rho^2}\mathrm{d}\psi\\ =&\frac{4C}{(r-1)n'^{r-1}}。\end{aligned} \tag{16}$$

在实际计算时，因为

$$\begin{aligned}\sum_{m=-l}^{l}\mathrm{e}^{\mathrm{i}mx}\rho^{|m|}&=\sum_{m=0}^{l}(\mathrm{e}^{\mathrm{i}x}\rho)^m+\sum_{m=0}^{l}(\mathrm{e}^{-\mathrm{i}x}\rho)^m-1\\ &=\frac{1-\mathrm{e}^{\mathrm{i}(l+1)x}\rho^{l+1}}{1-\rho\mathrm{e}^{\mathrm{i}x}}+\frac{1-\mathrm{e}^{-\mathrm{i}(l+1)x}\rho^{l+1}}{1-\rho\mathrm{e}^{-\mathrm{i}x}}-1\\ &=\frac{2-2\rho^{l+1}\cos(l+1)x-2\rho\cos x+2\rho^{l+2}\cos lx}{1-2\rho\cos x+\rho^2}-1\\ &=\frac{1-\rho^2-2\rho^{l+1}\cos(l+1)x+2\rho^{l+2}\cos lx}{1-2\rho\cos x+\rho^2},\end{aligned}$$

所以

$$S_n(\rho,\theta)=\sum_{m=-n'}^{n'}\frac{1}{n}\sum_{l=-n'}^{n'}y_l\mathrm{e}^{-2\pi \mathrm{i}lm/n}\mathrm{e}^{\mathrm{i}m\theta}\rho^{|m|}$$

$$=\frac{1}{n}\sum_{l=-n'}^{n'}y_l\sum_{m=-n'}^{n'}\mathrm{e}^{\mathrm{i}\left(\theta-\frac{2\pi l}{n}\right)m}\rho^{|m|}$$

$$=\frac{1}{n}\sum_{l=-n'}^{n'}y_l\frac{\left\{\begin{array}{c}1-\rho^2-2\rho^{n'+1}\cos(n'+1)\left(\theta-\frac{2\pi l}{n}\right)\\+2\rho^{n'+2}\cos n'\left(\theta-\frac{2\pi l}{n}\right)\end{array}\right\}}{1-2\rho\cos\left(\theta-\frac{2\pi l}{n}\right)+\rho^2}\text{。}\tag{17}$$

总之,我们得到

定理 1 命 $u(\rho,\theta)$为方程(1)满足(2)的解,此处 $\varphi(\theta)$为有 $r(\geqslant 2)$阶连续微商,而且是有周期 2π 的函数,并且假定 $|\varphi^{(r)}(\theta)|<C$。则

$$\left|u(\rho,\theta)-\frac{1}{n}\times\right.$$

$$\sum_{l=-n'}^{n'}\varphi\left(\frac{2\pi l}{n}\right)\left[\frac{1-\rho^2-2\rho^{n'+1}\cos(n'+1)\left(\theta-\frac{2\pi l}{n}\right)}{1-2\rho\cos\left(\theta-\frac{2\pi l}{n}\right)+\rho^2}+\right.$$

$$\left.\left.\frac{2\rho^{n'+2}\cos n'\left(\theta-\frac{2\pi l}{n}\right)}{1-2\rho\cos\left(\theta-\frac{2\pi l}{n}\right)+\rho^2}\right]\right|<\frac{4C}{(r-1)n'^{r-1}}\text{。}\tag{18}$$

七、一致分布——数论方法与 Monte Carlo 方法

要计算函数 $f(x)$在[0,1]上的积分，我们可以把[0,1]分成 n 等份，取分点的函数值的算术平均，用来作为 $f(x)$的积分的近似值(矩形公式)，这就是化连续为离散的方法。实际上，不仅等分点有这样的性质，凡是适合所谓“一致分布”条件的点列都有这个性质。粗略地说，一致分布的意义是说点列落在[0,1]中任何一点附近的可能性都是相等的。严格地，可以定义如下：

命 $x_i(i=1,2,\cdots)$是[0,1]间的一个点列，a 为适合 $0\leqslant a\leqslant 1$的任意实数，n 个点 $x_1,\cdots,x_n$ 落在分区间$[0,a]$中的个数用 $N_n(a)$表它。如果常有

$$\lim_{n\to\infty}\frac{N_n(a)}{n}=a, \tag{1}$$

则称点列 $x_i(i=1,2,\cdots)$在[0,1]中一致分布。

关于一致分布有如下的判别条件。

定理 1 点列

$$x_1,\cdots,x_m,\cdots,0\leqslant x_m\leqslant 1 \tag{2}$$

是一致分布的必要且充分的条件是对任一在[0,1]上可 Riemann 求积的函数 $f(x)$常有

$$\lim_{n\to\infty}\frac{f(x_1)+\cdots+f(x_n)}{n}=\int_0^1 f(x)\mathrm{d}x。 \tag{3}$$

证明 先证明,如果$\{x_i\}$是一致分布,则(3)式成立。

(Ⅰ)取 $f(x)$是如下的函数

$$f(x)=\begin{cases}C, & 若\ 0\leqslant x\leqslant a,\\ 0, & 不然。\end{cases}$$

如此则

$$\lim_{n\to\infty}\frac{f(x_1)+\cdots+f(x_n)}{n}=C\lim_{n\to\infty}\frac{N_n(a)}{n}=Ca=\int_0^1 f(x)\mathrm{d}x。$$

所以,对于这样的函数 $f(x)$,定理真实。

(Ⅱ)如果(3)式对于 $f_1,\cdots,f_s$ 成立,则对于 $c_1f_1+\cdots+c_sf_s$ 也成立,因此(3)式对所有的阶梯函数也真实。

(Ⅲ)习知,如果 f 是一 Riemann 可积函数,则任给 $\varepsilon>0$,皆有二阶梯函数 $\varphi_\varepsilon(x)$及 $\Phi_\varepsilon(x)$使

$$\varphi_\varepsilon(x)\leqslant f(x)\leqslant \Phi_\varepsilon(x),0\leqslant x\leqslant 1, \tag{4}$$

且使

$$\int_0^1[\Phi_\varepsilon(x)-\varphi_\varepsilon(x)]\mathrm{d}x<\varepsilon. \tag{5}$$

由(Ⅱ)已知本定理对 $\Phi_\varepsilon(x)$及 $\varphi_\varepsilon(x)$真实,所以

$$\begin{aligned}\int_0^1\varphi_\varepsilon(x)\mathrm{d}x&=\lim_{n\to\infty}\frac{1}{n}[\varphi_\varepsilon(x_1)+\cdots+\varphi_\varepsilon(x_n)]\\&\leqslant\lim_{n\to\infty}\frac{1}{n}[f(x_1)+\cdots+f(x_n)]\end{aligned}$$

$$\leqslant \lim_{n\to\infty} \frac{1}{n}[\Phi_\varepsilon(x_1)+\cdots+\Phi_\varepsilon(x_n)]$$

$$=\int_0^1 \Phi_\varepsilon(x)\mathrm{d}x。$$

故得

$$\left|\lim_{n\to\infty}\frac{f(x_1)+\cdots+f(x_n)}{n}-\int_0^1 f(x)\mathrm{d}x\right|<\varepsilon。$$

这证明了定理的必要部分。

定理的充分部分的证明极为容易，仅取

$$f(x)=\begin{cases}1, & 若\ 0\leqslant x\leqslant a,\\ 0, & 不然。\end{cases}$$

(3)式就变为

$$\lim_{n\to\infty}\frac{N_n(a)}{n}=a。$$

定理证完。

显然，一致分布的定义与它的判别条件可以很容易地推广至多个变数(高维单位立方体)的情况。由定理 1 可见，数值积分方法实依赖于一致分布点列的选取。怎样选取最好的一致分布点列就是数值积分的中心问题。习知，对于计算[0,1]中的积分，用等分点是能够导出最精密的误差的(指误差的阶)。但在多变数的情况，如果用等分点来进行计算，误差依赖于积分的重数。详细言之，固定分点的个数，则当积分的重数增加时，误差亦随之而迅速增加。或者可以说，当要求有一定的精密度时，则必需分点的数目随着积分重数的增加而迅速增加。因此用这一方法来处理高维空间的数值积分，计算量十分巨大，而难于实现。具体地说，对于 s 重积分，欲误差的精密度达到$O(1/n)$，则分点的个数需要 $O(n^s)$。

近年来发展起来的 Monte Carlo 方法，是常用的高维空间的数值积分方法。即随机地取 n 个点$(x_1^{(k)},\cdots,x_s^{(k)})(k=1,2,\cdots,n)$，然后以这 n 个点的函数值的算术平均来逼近积分，所谓“随机”的意思是指取每一点的概率都是相等的。这样，当 n 充分大时，就可能达到一定的精密度。随机取点的方法一般都是在计算机上用数学方法来实现的。而这些数学方法多为数论方法，特别是同余式的方法。Monte Carlo 方法的优点在于在机器上运算的手续简便，收敛速度虽然比矩形公式快些，但是由这一方法得到的只能是概率的误差而不是真正的误差。

所谓数论方法，即按照事先选定的最佳分布的点列上的函数值所构成的单和来逼近多重积分。因而得到的误差不再是概率的，而是肯定的，不仅如此，这些肯定的误差竟比概率误差还要好些，而且可以证明，对于某些函数类来说，这种逼近的误差的主阶已经臻于至善了。具体地说，误差的主阶与单重积分是一样的。

例　假定 $f(x_1,\cdots,x_5)$为各变数皆有二阶连续微商的函

数。且各阶微商皆为各变数有周期 1 的函数,且

$$\left|\frac{\partial^r f}{\partial x_1^{i_1}\cdots\partial x_5^{i_5}}\right|<C(2\pi)^r(i_1+\cdots+i_5=r,0\leqslant r\leqslant 10,0\leqslant i_j\leqslant 2)。$$

则

$$\left|\int_0^1\cdots\int_0^1 f(x_1,\cdots,x_5)\mathrm{d}x_1\cdots\mathrm{d}x_5-\right.$$

$$\left.\frac{1}{15\ 019}\sum_{k=1}^{15\ 019}f\left(\frac{k}{15\ 019},\frac{10\ 641k}{15\ 019},\frac{2\ 640k}{15\ 019},\frac{6\ 710k}{15\ 019},\frac{781k}{15\ 019}\right)\right|<$$

$$0.003\ 2\left(\frac{\pi^2}{6}\right)^5 C。$$

必须指出,数论方法不仅在数值积分方面有用,而且可以用于函数逼近论及积分方程的渐近求解等方面。例如,我们可以证明,适合某些光滑条件的各变数皆有周期为 1 的函数,都可以用一个三角多项式来逼近,而逼近的主阶不依赖于函数的变数的个数。关于这些方面,请参看[1]。

[1] 华罗庚,王元. 数值积分及其应用. 北京:科学出版社,1963.

[2] 华罗庚. 高等数学引论. 北京:科学出版社,1963.

时乎时乎不再来[①]

一、时间与空间

人们爱谈四维(也称四度)空间:前后、左右、上下是与空间位置有关的三维;过去、现在、未来是与时间有关的一维。笼统地说来,我们生活在四维空间之中,每一物质在一定的时间占一定的位置,时与空虽同样地称为“维”,而性质却大不相同,向前走了三里路,发现错了,不要紧,退后三里,便到原来的出发点了;但时间却不能退回到原来出发的时间,而是花了双倍时间。时乎时乎不再来!“现在”,始终是稍纵即逝的一刹那。一个人的生命只有一次,玩忽不得,正如古诗说得好:“百川东到海,何时复西归,少壮不努力,老大徒伤悲。”但若把逝水比流年,循回往复不相似,因为水经过翻江倒海之后,化气、成云、乘风、变雨,有时还能重返高原,只有时间才真正是具有一去而不复返的性质的!

---

① 原载于1964年3月30日《人民日报》。

二、这是人生观问题

业余时间怎样支配，怎样利用？似乎是一个兴趣问题，实质不然，这是一个人生观的问题，是一个立场问题。既然是韶光易逝，青春不再，何不及时行乐！这是一种人生观——腐化堕落的资产阶级人生观，有这样人生观的人，不要说业余时间不会好好支配，就是工作时间也必然是马马虎虎、疲疲沓沓，没奈何工作为了吃饭，有领导和同志们督促的时候，勉强多做些，不然，得懒且懒，想开开小差，好在总有明天在。

对一个革命者来说，整个的生命都属于党和人民，不仅在工作时间想尽方法使自己的每分每秒都更有效地用于革命事业，而且在余业时间也一定会把有利于革命事业作为经常的指导原则，即使在一个人工作的环境之下，必然也会“慎独”，不至于仅仅满足于不做坏事，必然也是积极地、忠心耿耿地、分秒必争地做有益于人民的事情。体育锻炼为的是身体健康，经得住为人民负担更艰巨的工作，使有效工龄更长些；文娱活动为的是消除疲劳，使工作更上劲，精神更饱满，思想更活跃更集中；与朋友交往，也是建立在互相帮助，共同提高的基础上的。

同样一个时乎时乎不再来，但却出现了两种情况：一种是“工作”为了“休息”——为了享受；而另一种是休息为了工作——更有效地工作。

三、兴趣是可以培养的

在有了为人民服务的立场和决心之后，一切都有了目的——就会利用一切机会把自己锻炼得更适合社会主义的需要。政治学习，体育锻炼，业务学习，文化娱乐，都会朝着一个正确的目标安排，久而久之，就会养成习惯，乐此不疲了。我个人就有一个小小的体会：解放前喜欢写学术论文，通俗性的文章一篇也没有写过，但在党的教育下，特别是学习了毛主席的《在延安文艺座谈会上的讲话》之后，使我认识到科学工作者所应当努力的方向除去提高一面外，还应当有普及的一面，也应当为中学生写些读物，因而强迫自己写写看，当然一直到现在都还没有写得好，但是有兴趣了，就愿意写些这类文章了，并且也爱看爱分析这类文章了。

当然也并不排斥安排些发展个人特长的业余爱好，这样的安排不仅不是浪费时间，而且也有调剂补充作用。

四、解放前谁只工作八小时来？

在旧社会里，谁只工作八小时来？有的，并且有些人只工作两三小时，甚至于随心所欲一小时也不工作。一年三百六十天，每天二十四小时，所有的时间都有绝对支配权："春游芳草地，夏赏绿荷池，秋饮菊花酒，冬吟白雪诗。"这还算是其中的“雅人逸士”。还有的人，则更谈不上嘴了，打麻将，通宵达旦；吃喝嫖赌，无所不为，这是地主阶级、有闲阶级、剥削阶级的事；而一般劳动人民，谁能只工作八小时来？还不是整日在田里、厂里、矿里、河边、码头上、柜台上胼手胝足地没命地劳动着！即使如此，也难得温饱。实质上，在旧社会里之所以有些人可以不劳而食，正因为有些人在没命地干，十小时、十二小时、十六小时地干，这就是剥削。因此，让旁人多做，自己少做的思想，实质上是有剥削根子的。

在新社会里没有剥削，因而大家都抢着做——精益求精地抢着做，充分发挥自己的工作能力，为整体服务。

在资本主义国家里，还有些说来好听的话呢！六小时工作制，四小时工作制，但所谓四小时也者，一份事两个人做，失业人数减少了一半，而人们是半份工钱、半饥不饱、苟延残喘地生活着，这也是资产阶级对付失业的窍门。

五、整年累月分秒积

不但是整段业余时间的问题，善于利用零散时间，也是一件重要事。九点开会，一早起来便惶惶如也地等着开会，什么事做不下去了；上午两小时课，课前课后的时间也都闲散过去了，这是十分不经济的。时间是由分秒积成的，善于利用零星时间的人，才会做出更大的成绩来。

爱惜自己的时间的同时，更重要的是也爱惜旁人的时间，自己多花一小时备课，可以省下听课者每人一小时，那是很上算的事，对这样的时间不能吝惜。在集体中，经过全面考虑，要乐于抢着找重担挑，抢着做旁人的“垫脚石”。例如，看到某人正在搞着一项有意义的工作的时候，我们抢着替他做一些其他工作，使他能专心致志地尽快地做出成绩，这是合乎社会主义的新风尚的。这与旧社会的嫉妒，拉后腿，我做不出工作来你也别想做出工作来的思想是完全不同的。

对整个的社会来说，时间是整体，但是它是由各个个体的一分一秒所积成的，我们不能仅仅满足于个人时间的充分利用，还要顾大局，使旁人的时间也要用得更有效，业余时间也是如此。“张家长，李家短”，乱说一气，言不及义（特别是不谈政治，不谈专业），耗人时间，挑拨关系是一种要不得的态度。谈谈思想，谈谈学问，交流经验，互相学习，是一种值得提倡的态度。因为前者是抵消力量，后者是增加力量，对社会主义有完全不同的作用。

总之，业余时间和工作时间一样是十分宝贵的，但其运用之妙，存乎一心——一心一意为人民的一心。

优选法平话及其补充①

一、“优选法”平话

§1　什么是优选方法?

优选的方法的问题处处有,常常见。但问题简单,易于解决,故不为人们所注意。自从工艺过程日益繁复,质量要求精益求精,优选的问题也就提到日程上来了。简单的例子,如:一支粉笔多长最好?每支粉笔都要丢掉一段一定长的粉笔头,单就这一点来说,愈长愈好。但太长了,使用起来既不方便,而且容易折断,每断一次,必然多浪费一个粉笔头,反而不合适。因而就出现了“粉笔多长最合适”的问题,这就是一个优选问题。

蒸馒头放多少碱好?放多了不好吃,放少了也不好吃,放多少最好吃呢?这也是一个优选问题。也许有人说:这是一个不确切的问题。何谓好吃?你有你的口味,我有我的口味,好吃不好吃根本没有标准。对!但也不完全对!可否针

① 本文为华罗庚在工农业生产和国防建设中应用推广“优选法”的科普著作,1971年由国防工业出版社首次正式出版。

对我们食堂定出一个标准来！假定我们食堂有一百人，放碱多少，这一百人有多少人说好吃，统计一下，不就有了指标吗？我们的问题就是找出合适的用碱量，使食堂里说好吃的人最多。

这只是引子，是比喻。实际上问题比此复杂，还有发酵问题等没有考虑进去呢！同时，这样的问题老师傅早已从实践中摸清规律，解决了这一问题了，我们不过用来通俗说明什么是优选方法而已。

优选方法的适用范围是：

怎样选取合适的配方、合适的制作过程，使产品的质量最好？

在质量的标准要求下，使产量最高、成本最低、生产过程最快？

已有的仪器怎样调试，使其性能最好？

也许有人说我们可以做大量试验嘛！把所有的可能性做穷尽了，还能找不到最好的方案和过程？大量的试验要花去大量的时间、精力和器材，而且有时还不一定是可能的。举个简单的例子，一个一平方千米的池塘，我们要找其最深点。比方说每隔一米测量一次(图 1)，我们必须测量 1 000×1 000，总共一百万个点，这个问题不算复杂，只有横竖两个因素。多几个：三个、四个、五个、六个更不得了！假定一个因素要求准两位，也就是分 100 个等级，两个因素就需要 100×100 即一万次，三个就需要 100×100×100 即一百万次，四个就需要一亿次；就算你有能耐，一天能做三十次，一年做一万次，要一万年才能做完这些试验。

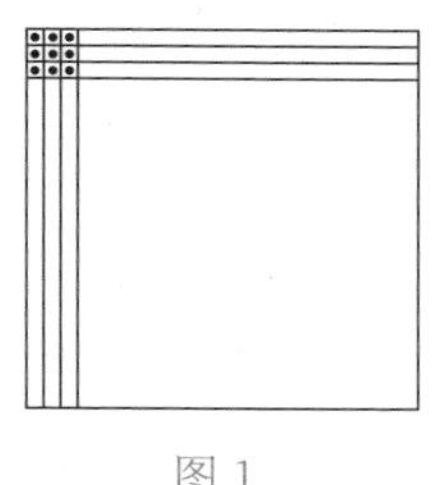
图 1

优选方法的目的在于减少试验次数，找到最优方案。例如在一个因素时，只要做 14 次就可以代替 1 600 次试验。上面所说的池塘问题，有 130 次就可以代替一百万次了(当然我们假定了池塘底都不是忽高忽低的)。

§2　单因素

我们知道，钢要用某种化学元素来加强其强度，太少不好，太多也不好。例如，碳太多了成为生铁，碳太少了成为熟铁，都不成钢材，每吨要加多少碳才能达到强度最高？假定已经估出(或从理论上算出)每吨在 1 000 克到 2 000 克之间。普通的方法是加 1 001 克，1 002 克，……，做下去，做了一千次以后，才能发现最好的选择，这种方法称为均分法。做一千次试验既浪费时间、精力，又浪费原材料。为了迅速找出最优方案，我们建议以下的“折叠纸条法”。

请牢记一个数 0.618。

用一个有刻度的纸条表达 1 000～2 000 克(图 2),在这纸条长度的0.618的地方画一条线(图 3),在这条线所指示的刻度做一次试验,也就是按1 618克做一次试验。

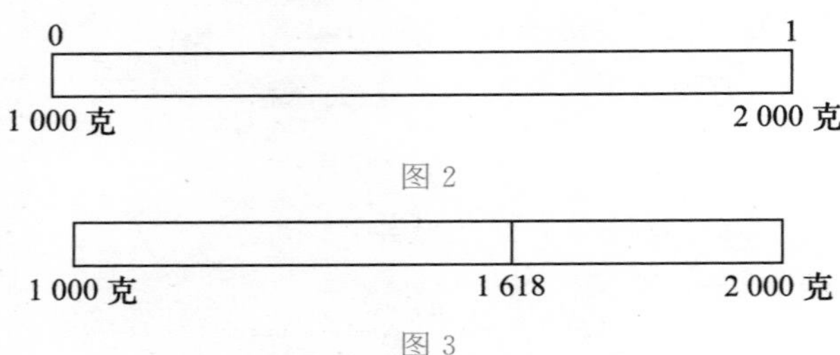

图 2

图 3

然后把纸条对中折起,前一线落在另一层上的地方,再画一条线(图 4),这条线在 1 382 克处,再按1 382克做一次试验。

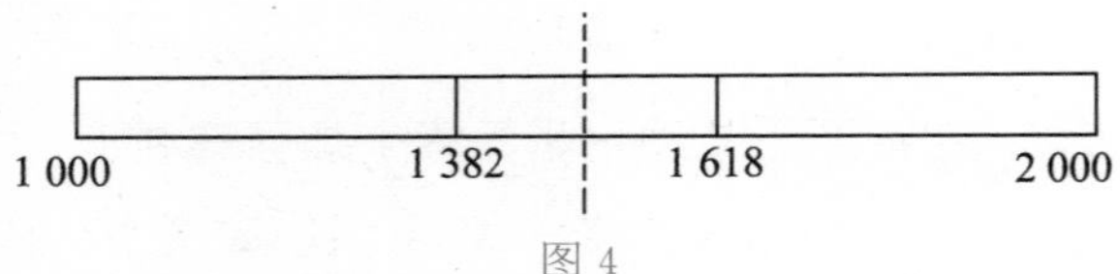

图 4

两次试验进行比较,如果 1 382 克的好一些,我们在1 618处把纸条的右边一段剪掉,得(图 5):

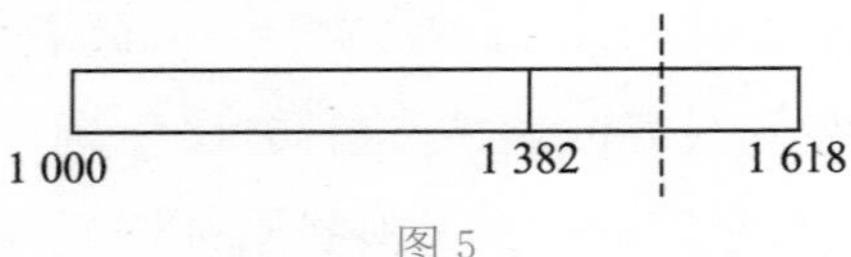

图 5

(如果 1 618 克比较好,则在 1 382 克处剪掉左边一段。)

再依中对折起来,又可画出一条线在1 236克处(图 6):

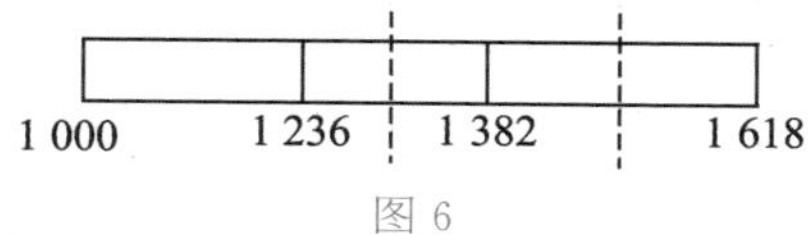

图 6

依 1 236 克做试验，再和 1 382 克的结果比较。如果仍然是 1 382 克好，则在 1 236 处剪掉左边：

再依中对折，找出一个试点是 1 472(图 7)，按 1 472 克做试验，做出后再剪掉一段，等等。注意每次留下的纸条的长度是上次长度的 0.618(留下的纸条长＝0.618×上次长)。

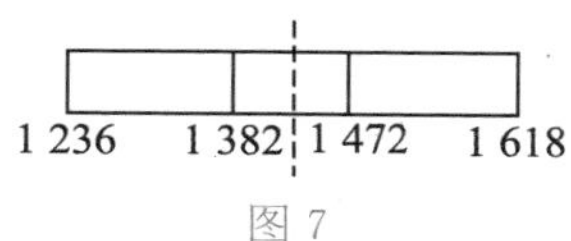

图 7

就这样，试验、分析、再试验、再分析，矛盾的解决和又出现的过程中，一次比一次地更加接近所需要的加入量，直到所能达到的精度。

从炼钢发展的历史也可以充分地看出“优选法”的意义，最初出现的生铁，含碳量达 4%，后来熟铁出世了，几乎没有含碳量。在欧洲十八世纪七十年代前，熟铁还是很盛行的。各种钢的出现，就是按客观要求找到最合适的含碳量的过程。例如：可以冷压制成汽车外壳的钢是含碳量 0.15%的低碳钢。做钢梁的大型工字钢所要求的是含碳量0.25%的软钢。通过热处理可以硬化制成车轴、机轴的是含碳 0.5%的中碳钢。做弹簧、锤、锉、斧又需要含碳 1.4%的高碳钢。各种合金钢就更需要选择配方了。

以上不过拿钢来做例子，像配方复杂的化学工业、生产条件复杂的电子工业等，那就更需要优选方法了。

§3 抓主要矛盾

事物是复杂的，是由各方面的因素决定的，因而必须考虑多因素的问题。但在介绍多因素的“优选法”之前，我们应该学习毛主席的论断：“任何过程如果有多数矛盾存在的话，其中必定有一种是主要的，起着领导的、决定的作用，其他则处于次要和服从的地位。”

“优选法”固然比普通的穷举法（或排列组合法）更适合于处理多因素的问题，但必须指出，随着因素的增多试验次数也随之迅速地增加（尽管比普通方法的增加率慢得多），因此，为了加快速度节约人力、物力，减少试验次数，抓主要矛盾便成为关键的关键；至少应当尽可能把那些影响不大的因素，暂且撇开，而集中精力于少数几个必不可少的、起决定作用的因素来进行研究。

举例来说：某金属合金元件经淬火后，产生了一层氧化皮，我们希望把氧化皮去掉，而不损害金属表面的光洁度。有一种方法叫作酸洗法，就是用几种酸配成一种混合液，然后把金属元件浸在里面，目的在短时间内去掉氧化皮，不损失光洁度。

选择哪几种酸的问题，这儿不说了。只说，已知要用硝酸和氢氟酸，怎样的配方最好？具体地说要配 500 毫升酸洗液，怎样配？

看看因素有多少：硝酸加多少？氢氟酸加多少？水加多少？什么温度？多长时间？要不要搅拌？搅拌的速度和时间？一摆下来有七个因素，每个因素就算它分为 10 个等级，用穷举法就要做 10^7 次试验，即一千万次，就算优选法有本领，只要万分之一的工作量，那也要做一千次，太多啦！

请看搞这项试验的同志是怎样按照毛主席抓主要矛盾的指示来分析问题的。

总共是 500 毫升，两种酸的用量定了，水的量也就定了，所以水不是独立因素。

其次，配好了就用，温度的变化不大，温度不考虑。

再其次，时间如果指的是配好后到进行酸洗的时间，我们也不考虑这时间，因为配好就洗；如果指酸洗所需要的时间，那不是因素而是指标，这次搞出的酸洗液只要三分钟，所以也不成问题。

最后，搅拌不搅拌就暂不考虑。

结果就只有两个因素:硝酸多少?氢氟酸多少?因此,只用一天时间做14次试验就把问题解决了。否则就要成月成年的时间了。

再补充说明一下这样分析的用意:三种配比有时会误解为三个因素,实际上只有两个因素(变数)是独立的。

酸洗的时间长短,不是因素而是指标,就是说,该时间不是自变数,而是因变数。

采用"优选法"的同志必须注意:在分析问题的时候,要弄清楚到底有哪些是独立变数,经验告诉我们这都是易于发生的错误。还必须再强调一下,在分析出哪些因素是独立变数之后,还要看其中哪些因素是主要的。

§4 双因素

假如有两个因素要考虑,一个是含量1 000克到2 000克,另一个是温度5 000~6 000 ℃。

我们处理的方法:把纸对折一下,例如是在1 500克处对折,在固定了1 500克的情况下,找最合适的温度。用单因素方法(即§2的方法)找到了在"×"处。再横对折,在5 500度时用单因素的方法(即§2的方法),找到最合适的含量在"○"处(图8)。比较"○"与"×"两处的试验,哪个结果好。如果在"×"处好,则裁掉下半张纸(如果在"○"处好,则裁掉左半张)。在余下的纸上再用上法进行。

当然因素越多,问题越复杂,但在复杂情况中含有灵活思考的余地。例如:当我们找到"×"处后,我们放弃对折法,而用通过"×"的横线,在这条横线上做试验,用§2的方法找到"▭"处最好,再通过在"▭"处的竖线上做试验(图9),等等。

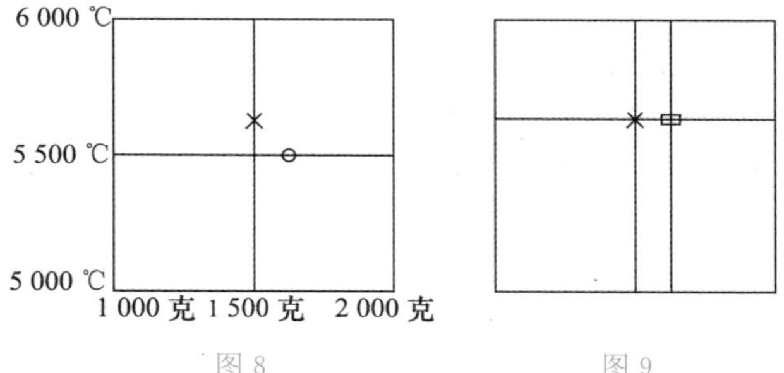

图8　　图9

例如,某工厂曾处理的问题就是本节提出来的、采用酸洗液洗去金属元件的氧化皮的问题。经过分析后,将问题变为:配500毫升酸洗液;问:水、硝酸和氢氟酸各放多少效果最好?

根据经验和有关资料,他们原先拟定:硝酸加入量在0~250毫升范围内变化,氢氟酸在0~25毫升范围内变化,其余加水。这是一个双因素的问题。

这样的试验,如果采用排列组合的方式进行。若硝酸0~250毫升按5毫升分一等份,共分成50个等份。氢氟酸由

0～25 毫升按 2 毫升分一等份，共分成 13 等份。如此需要进行 50×13＝650 次试验。这是既化时间又化物力的试验。我们用“优选法”得出的结果，氢氟酸的取值是 33 毫升，竟超出所试验的范围之外。因此，就是做遍 650 次也找不到这样好的酸洗液。

用“优选法”指导试验，第一步固定氢氟酸配比在变化范围 0～25 毫升的正中，假定加入量为 13 毫升，先对硝酸含量进行优选。具体方法是，把0～250毫升标在一张格子纸条上，用纸条长度表示试验范围。从 0 开始，按 0.618 的比例先找到第一个试验点甲为 155 毫升，做一次试验。然后将纸条对折起来，从中线左侧找到甲的对称点乙为 95 毫升，做第二次试验(图 10)。对比甲、乙二试验结果，知道甲比乙好，立即剪掉乙点左侧的纸条(即淘汰小于 95 毫升的试验点)，得出新的试验范围(即 95 至 250 毫升)，再将剩下纸条对折起来，找到甲的对称点丙为 190 毫升，做第三次试验(图 11)。对比丙与甲的结果，知道甲比丙好，即将丙点右侧的纸条剪掉(即淘汰大于 190 毫升的试验点)，又得出新的试验范围(95～190 毫升)，再同样对折找甲的新对称点作新的试验(图 12)。如此循环，到第五次试验即找到硝酸配比最优为 165 毫升。第二步将硝酸含量固定为 165 毫升，用同样方法对氢氟酸加入量进行优选，发现氢氟酸含量在边界点 25 毫升时，酸洗质量较好，说明原来给出的范围不一定恰当，决定在 25～50 毫升范围再进行优选，到第九次试验，找到氢氟酸最优点为33毫升。至此，共试验十四次，所找到的配方已经能很好地满足生产的需要了，因此试验结束。否则，还须再次将氢氟酸含量固定为33毫升，再用同样方法对硝酸含量进行优选，如此做下去。直到找到最优配方为止。这个例子说明，用"优选法"不仅能够多快好省地找到最优方案，而且可以纠正根据经验初步确定的范围不当的错误。

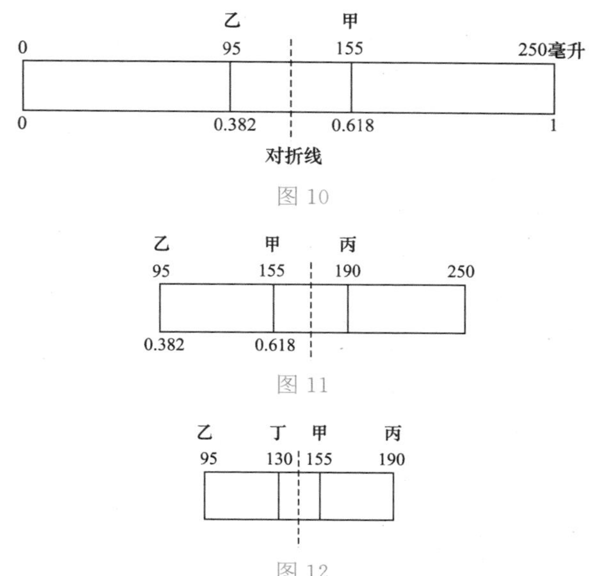

图10

图11

图12

附记：1. 上述合金酸洗液的选配问题，在过去两年里，曾进行过两次试验。一九六八年的试验失败了，一九六九年经过许多次试验，总算找到一种酸洗液配方，勉强可用；但酸洗时间达半小时，还要用刷子刷洗。

这次采用优选方法，不到一天时间，做了十四次试验，就找到了一种新的酸洗液配方。将合金材料放入这种新的酸洗液中，马上反应，三分钟后，氧化皮自然剥落，材料表面光滑毫无腐蚀痕迹。

2. 令 x 代表硝酸量，y 代表氢氟酸量；根据经验和有关资料，假定：

$$0 \leqslant x \leqslant 250(\text{毫升})；\quad 0 \leqslant y \leqslant 25(\text{毫升})。$$

如果没有经验和有关资料，只有如下条件(图 13)：

$$x+y \leqslant 500,\quad 0 \leqslant x,\quad 0 \leqslant y;$$

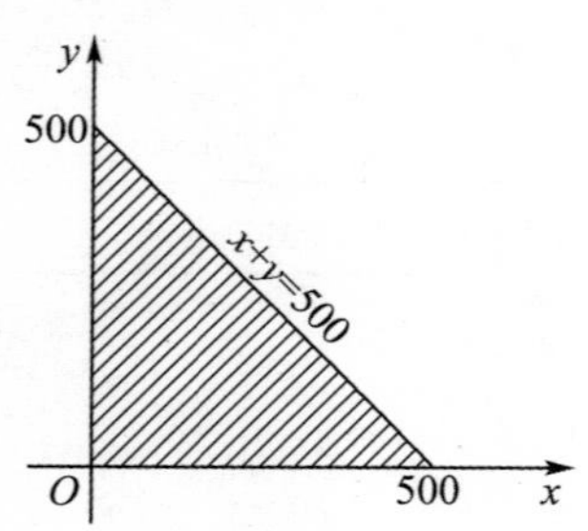

图 13

我们如何处理？也就是如何进行选配？在这种情况下，上述的双因素方法仍可应用，但应注意在三角形之外的点不在考虑之列。更好的方法是改换变数：

$$z=x+y,\quad x=tz;$$

也就是我们令 $z(0\leqslant z\leqslant 500)$代表加入酸的总数量而令 $t(0\leqslant t\leqslant 1)$代表硝酸占总酸量的成分并作为自变量。于是问题仍然归结为在长方形：

$$0\leqslant z\leqslant 500,\quad 0\leqslant t\leqslant 1$$

中求最优方案的问题。

§5 多因素

（初看时，此节可略去。在有些实践经验，充分掌握了一两个因素的方法之后，再试看试用这一节。）

也许有人说，“折纸法”由于纸只有长和宽，只能处理两个因素的问题，两个因素以上怎么办？学过数学的可以用“降维法”三个字来处理。只要理解了怎样降维，就可以迎刃而解了。以上两个因素问题的处理方法就是把“二维”降为“一维”的方法。

我们以上的根据是对折长方形，现在抽象成为“对折”长方体，也就是把长方体对中切为两半，大家知道共有三种切法，在这三个平分平面上，找最优点，都是两个因素（固定了一个因素）的优选问题。这样在三个平分面上各找到了一个最优点。在这三点处，比较哪个点最好，把包有这一点的1/4长方体留下，再继续施行此法。

举例说：如图 14 所示，如果在立方体

$$0\leqslant x\leqslant 1,\quad 0\leqslant y\leqslant 1,\quad 0\leqslant z\leqslant 1$$

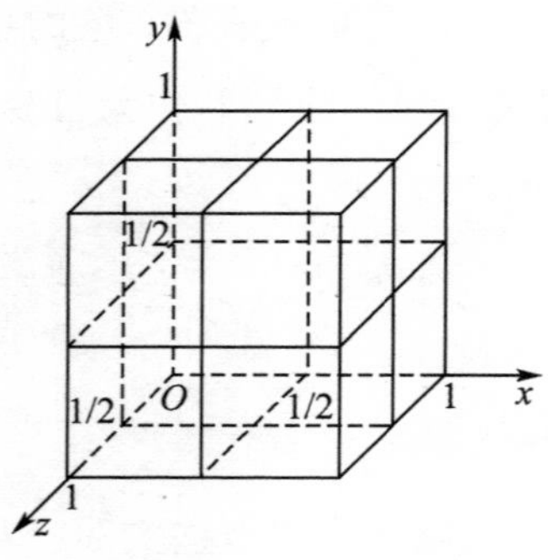

图 14

中找最优点。在三个平面：

$$x=\frac{1}{2},\quad 0\leqslant y\leqslant 1,\quad 0\leqslant z\leqslant 1$$

$$0\leqslant x\leqslant 1,\quad y=\frac{1}{2},\quad 0\leqslant z\leqslant 1$$

$$0\leqslant x\leqslant 1,\quad 0\leqslant y\leqslant 1,\quad z=\frac{1}{2}$$

上，各用双因素法找到最优点：

$$\left(\frac{1}{2},y_1,z_1\right),\quad \left(x_2,\frac{1}{2},z_2\right),\quad \left(x_3,y_3,\frac{1}{2}\right)。$$

看这三个点中哪个最好，如果$\left(\frac{1}{2},y_1,z_1\right)$最好，而且

$$0\leqslant y_1\leqslant\frac{1}{2},\quad 0\leqslant z_1\leqslant\frac{1}{2},$$

则在长方体

$$0\leqslant x\leqslant 1,\quad 0\leqslant y\leqslant\frac{1}{2},\quad 0\leqslant z\leqslant\frac{1}{2}$$

中继续找下去。如果 $0\leqslant y_1\leqslant\frac{1}{2},\frac{1}{2}\leqslant z_1\leqslant 1$,则在长方体

$$0\leqslant x\leqslant 1,\quad 0\leqslant y\leqslant\frac{1}{2},\quad \frac{1}{2}\leqslant z\leqslant 1$$

中找下去等等。总之,留下来的体积是原来体积的$\frac{1}{4}$。

在实际操作过程中,在定出两平面上的最优点后,可以经比较,先去掉一半,然后再处理另一平面。

二、特殊性问题

§1　一批可以做几个试验的情况

例如,一次可以做四个试验,怎么办?根据这一特点,我们建议用以下的方法:

1. 把区间平均分为五等份(图 15),在其中四个分点上做试验。

图 15

2. 比较这四个试验中哪个最好?留下最好的点及其左右。然后将留下来的再等分为六份(图 16)。再在"×"做试验。

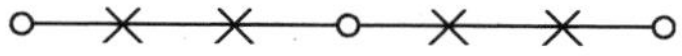

图 16

3. 继续留下最好的点及其左右两份区间，再用同法，这样不断地做下去，就能找到最优点。

这是某工厂的工人老师傅所建议的方法，实质上，可以证明，这是最好的方法。但须注意，对于每批偶数个试验，这样均分是最好的。然而对于每批奇数个试验的情况，则就比较麻烦些(每次一个就是0.618)，这儿不叙述了。

有些资料上认为，“优选法”只适用于每次一个试验。每次多个试验只好用老方法“试验设计”，这种看法是值得商讨的。

§2 平分法

在实践中遇到这样的问题。某一产品依靠某种贵重金属。我们知道，采用16%的贵重金属生产出来的产品质量合乎要求。我们问，可否少些、更少些呢？使产品自然符合要求。这样来降低成本。

我们建议用以下的平分法，而不用0.618法。我们在平分点8%处做试验(图17)。如果8%仍然合格，我们甩掉右边一半(不合格甩掉左边一半)。然后再在中点4%处做试验，如果不合格，就甩掉右边一半。再在中点6%处做试验，如果合格，再在4%与6%之间的5%处做试验，仍然合格。留有余地，工厂里照6%的贵重金属进行生产。

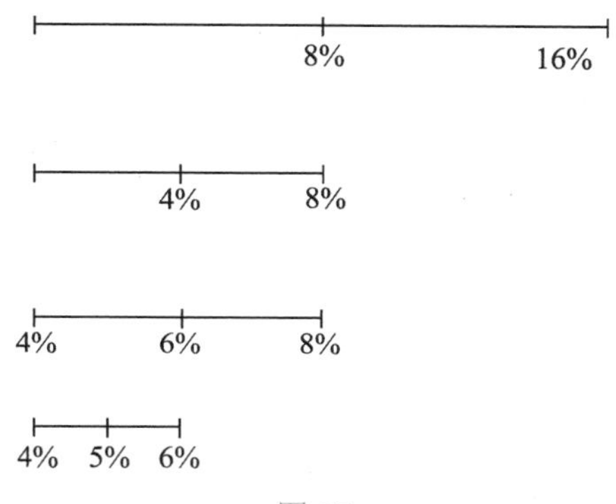

图 17

这一方法在一些工厂都早已用上了。

§3 平行线法

我们的问题是两个因素:一个是温度,一个是时间。炉温难调,时间易守。根据这一特点,我们采用“平行线法”(图 18),先把温度固定在0.618处,然后对不同的时间找出最佳点,在“○”处。再把温度调到 0.382 处,固定下来,对不同的时间找出最佳点,在“×”处。对比之后,“○”处比“×”处好,我们划掉下面的部分。然后用对折法找到下一次温度该多少,……

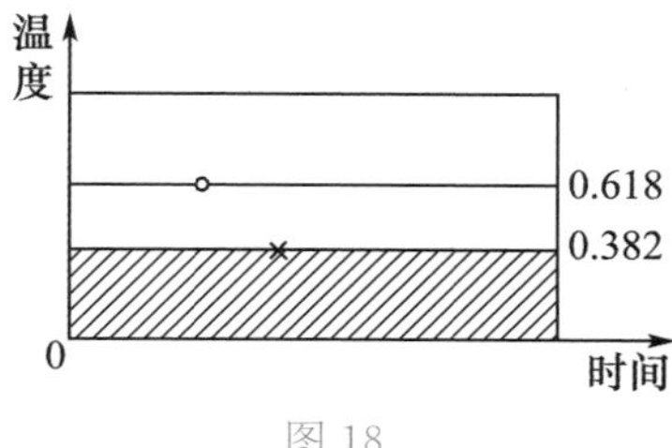

图 18

这个方法是某工厂结合实际的创造。

§4 陡度法

在 A 点做试验得出来的数据是 a，在 B 点做试验得出来的数据是 b。如果 $a>b$，则 $\frac{(a-b)}{(A、B\text{ 间的距离})}$ 称为由 B 上升到 A 的陡度(图 19)。

在某化工厂，我们遇到过这类问题(图 20)。这是一个双因素的问题，我们在横线上做了两个试验(①、②)之后，我们立刻转到竖线上去，又做了两个试验(③、④)。我们发现④点特好，②点特差；在这种情况下我们就不再在横、竖二线上做试验了。我们在②与④的连线上⑤点做了一个试验，结果更好，超过了我们的要求。

总起来这是陡度问题，可以计算①到④，②到④，③到④的陡度；看哪个最陡，就向那个方向爬上去。

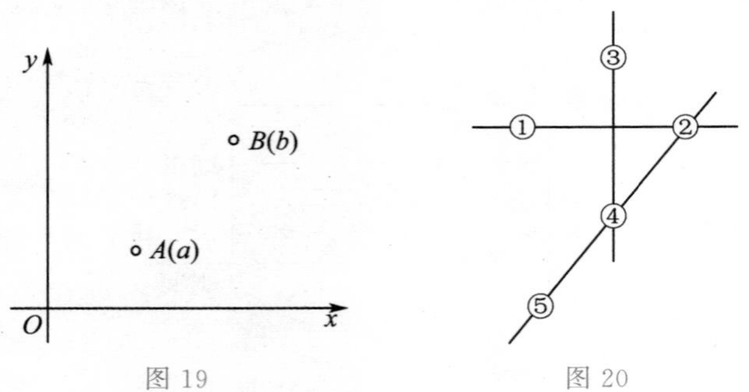

图 19　　图 20

这个方法在某工厂曾经用过：从已有的试验数据中发现了很陡的方向，这个方向正是寻找最优方案的方向。在这个方向上试验，我们找到了最满意的点。

§5 瞎子爬山法

瞎子在山上某点，想要爬到山顶，怎么办？从立足处用明杖向前一试，觉得高些，就向前一步，如果前面不高，向左一试，高就向左一步，不高再试后面，高就退一步，不高再试右面，高就向右走一步，四面都不高，就原地不动。总之，高了就走一步，就这样一步一步地走，就走上了山顶。

这个方法在不易跳跃调整的情况下有用，当然我们也不必一步一步按东南西北四个方向走，例如在向北走一步向东走一步后，我们得出 z_0，z_1，z_2 三个数据(图 21)，由此可以看到由 z_1 到 z_2 的陡度是 z_2-z_1，而由 z_0 到 z_2 的陡度是$\frac{z_2-z_0}{\sqrt{2}}$，如果$\frac{z_2-z_0}{\sqrt{2}}>z_1-z_0$，我们为什么不好尝试在$\overrightarrow{z_0 z_2}$的方向上走一段试试看(图 22)，点愈多，愈可以帮助我们找向上爬的方向。

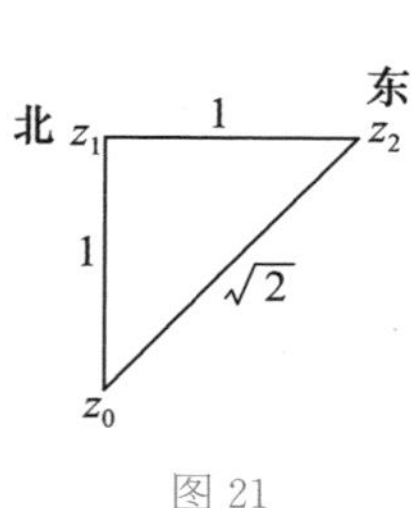

图 21

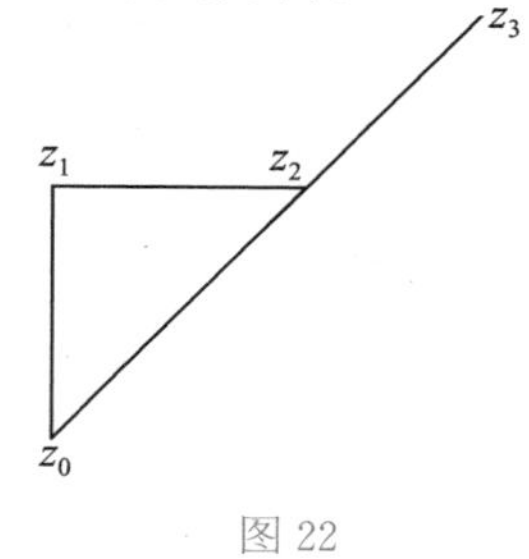

图 22

这个方法适合于正在生产着而不适于大幅度调整的情况。

§6　非单峰的情况如何办？

也许有人说，你所讲的只适用于“单峰”的情况。多峰(即有几个点，其附近都比它差)的情况怎样办？我们建议：

1. 先不管它是单峰还是多峰，就按单峰的方法去做，找到一个“峰”后，如果符合要求，就先开工生产。然后有时间继续再找寻其他可能的更高的“峰”(即分区寻找)。

2. 先做一批分布得比较均匀疏离的试验，看其是否有“多峰”的现象出现，如果有“多峰”现象，则按分区寻找。如果是单因素，最好依以下的比例划分：

$$\alpha:\beta=0.618:0.382$$

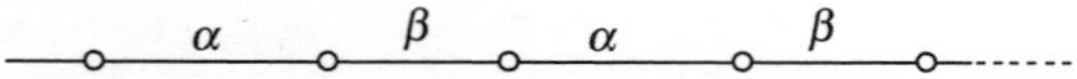

图 23

例如，三个分点，可以取之如(图 24)：

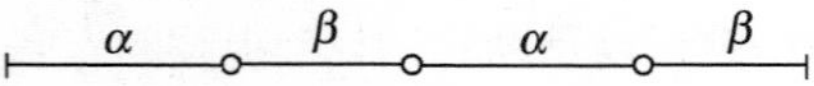

图 24

这留下来的成为(图 25)：

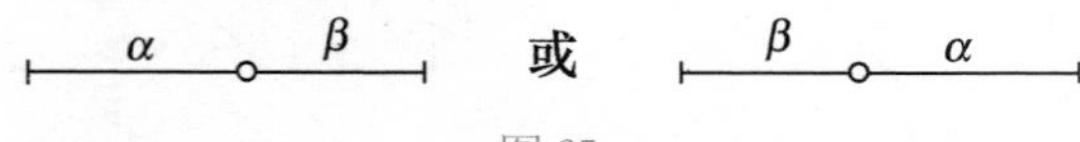

图 25

的形式，这就便于应用 0.618 法。

但不要有所顾虑，我们的方法不会比穷举法即排列组合法更吃亏些。充其量不过是，用“优选法”后，你再补做按穷举法原定要做的一些试验而已。

在实际工作中，尤其在探索未知的科研项目，已经见到过一些比较复杂的问题。比方出现鞍点（即马鞍形的中间点，该点对左右而言它是极大，对前后则它又是极小）的情况。这要按常规做法，会发生一辈子都做不完的情况。但用“优选法”在一两周即完成了。在化工系统碰到过不少这种例子。

三、补　充

我们扼要地在第一部分平话中讲了一般性的方法，在第二部分列举了一些特殊性的方法。在“用”的过程中，如对以上两部分仍不能满足，可以参考这第三部分。如果读者一时不能全懂，不要急，拣能用的就用。在不断实践、不断思考的过程中，会有所前进的。至于看理论完整的专书，最好是在有些实际经验之后。

§1　这是一个求最大（或最小）值的问题

对学过数学的人来说，这是一个求函数的最大（或最小）值的问题。例如：某一质量指标 T 取决于三个因素的大小，也就是

$$T=f(x,y,z)。$$

问题的中心在于变化范围

$$a \leqslant x \leqslant p, \quad b \leqslant y \leqslant q, \quad c \leqslant z \leqslant r$$

内求函数 $f(x, y, z)$的最大值。也许有人认为这是在微积分书上早已见到并熟悉了的问题。但实际上,有一个能行不能行的问题。首先,你必须知道函数 $f(x, y, z)$的表达式,即使知道了 $f(x, y, z)$的解析式,还要解联立方程:

$$\frac{\partial f}{\partial x}=0, \quad \frac{\partial f}{\partial y}=0, \quad \frac{\partial f}{\partial z}=0;$$

这可能是超越方程,求解并不容易;即使解出来了,还要判断,并且研究它是不是整个区域内的最大值。

但简单的 $f(x, y, z)$不常见,还可能未被发现,甚至根本写不出来。例如上面平话部分所提到的,“说好吃的”人数百分比是用碱量的一个怎样的函数?

也许有人建议,用统计回归找出一个公式,然后再求极大值。但统计学总是需要大量试验,计算也不简单,而且用回归得出来的函数往往简单得失真(经常假定是一次二次的)。我们既有做大量试验的打算,为什么不直接采用优选方法呢?何况这样做,试验次数还可大大减少!

§2 0.618 的由来

0.618 是

$$W=\frac{-1+\sqrt{5}}{2}$$

的三位近似值，根据实际需要可以取 0.6，0.62，或比 0.618 更精确的值。

W 这一个数有一个特殊性，即

$$1-W=W^2 \quad \left(\text{该方程的解正是}\frac{-1+\sqrt{5}}{2}\right)。$$

W 与 $1-W$ 把区间[0，1]分为如下图(图 26)的形式：

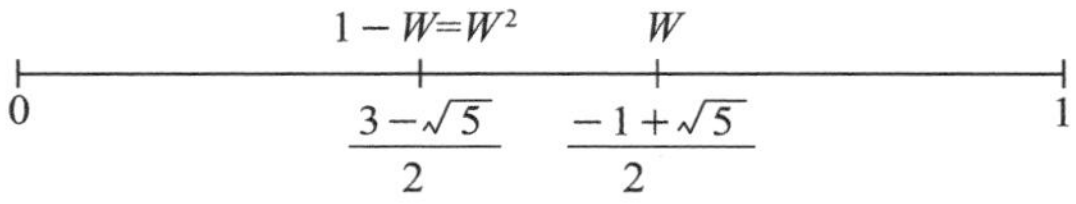

$$\underset{0}{|}\text{———}\underset{\frac{3-\sqrt{5}}{2}}{\overset{1-W=W^2}{|}}\text{———}\underset{\frac{-1+\sqrt{5}}{2}}{\overset{W}{|}}\text{———}\underset{1}{|}$$

图 26

不管你丢掉哪一段([0，(1－W)]或[W，1])，所余下的包有一点，其位置与原来两点之一(1－W 或 W)在[0，1]中所处的位置的比例是一样的。具体地讲，原来是 $0<1-W<W<1$ 丢掉右边一段([W，1])后的情况是：

$$0<1-W=W^2<W,$$

这不正是[0，1]缩小 W 倍的情况吗？

同样，丢掉左边一段([0，(1－W)])后的情况是：

$$1-W<W=(1-W)+W(1-W)<1,$$

这区间的总长度还是 W，而 W 与 1 的距离是 $1-W$ 的 W 倍。

这方法是平面几何学上的黄金分割法，因而这个“优选法”也称为黄金分割法，在中世纪欧洲流行着依黄金分割法做的窗子最好看的“奇谈”(也就是用 0.382∶0.618 的比例开窗子最好看)。

§3 “来回调试法”

读者不要以为上一节已经回答了 $W=\frac{-1+\sqrt{5}}{2}$ 的来源了。

问题更准确的提法应是:在区间$[a,b]$内有一个单峰函数$f(x)$,我们有如下的方法找到它的顶峰(并不需要函数 $f(x)$ 的真正表达式)。

先取一点 x_1 做试验得 $y_1=f(x_1)$,再取一点 x_2 做试验得 $y_2=f(x_2)$,如果 $y_2>y_1$,则丢掉$[a,x_1]$(如果 $y_1<y_2$,则丢掉$[x_2,b]$)。在余下的部分中取一点 x_3(这点 x_3 也可能取在 x_1,x_2 之间),做试验得 $y_3=f(x_3)$,如果 $y_3<y_2$,则丢$[x_3,b]$,再在余下的(x_1,x_3)中取一点 x_4(图 27),……不断做下去,不管你怎样盲目地做,总可以找到 $f(x)$的最大值。但问题是:怎样取 x_1,x_2……使收效最快(这里,效果是对任意$f(x)$而言的),也就是做试验的次数最少。要回答这一问题,还需要一些并不高深的数学知识(例如:《高等数学引论》第一章的知识),不在这儿详谈了①。但必须指出,外国文献上的所谓证明并非证明。

① 对归纳法熟悉的同志,建议先用它证明 F_{n+1}的表达式及分数法是最好的。然后再证分数法的极限就是黄金分割法,但归纳法的缺点在于要先知道结论。

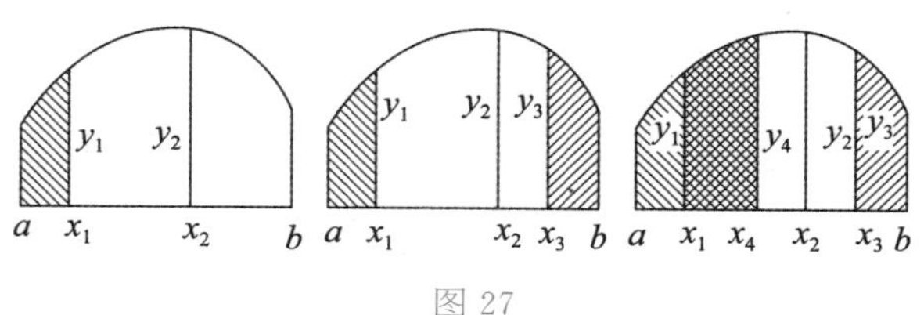

图 27

§4 分数法

在我国数学史上关于圆周率 π 有过极为辉煌的一页。伟大的数学家祖冲之(429—500)就有以下两个重要贡献。其一,是用小数来表示圆周率:

$$3.1415926<\pi<3.1415927。$$

其二,是用分数

$$\frac{355}{113}$$

来表示圆周率,它准到六位小数,而且其分母小于 33 102 的分数中没有一个比它更接近于 π。

这种分数称为最佳渐近分数(可参考:《从祖冲之的圆周率谈起》)。

我们现在处理

$$\frac{\sqrt{5}-1}{2}$$

也有两种方法,其一是小数法 0.618,其二是分数法,即上述所引用的小书上的方法,可以找到这数的渐近分数:

$$\frac{3}{5},\ \frac{5}{8},\ \frac{8}{13},\ \frac{13}{21},\ \frac{21}{34},\ \frac{34}{55},\ \frac{55}{89},\ \frac{89}{144},\cdots\cdots$$

这些分数的构成规律是由：

1，1，2，3，5，8，13，21，34，55，89，144，……

得来的，而这个数列的规律是：

1＋1＝2， 1＋2＝3， 2＋3＝5， 3＋5＝8，

5＋8＝13， 8＋13＝21， 13＋21＝34，……

是否要这样一个一个地算出？能不能直接算出第 n 个数 F_n 呢？一般的公式是有的，即

$$F_n=\frac{1}{\sqrt{5}}\left[\left(\frac{\sqrt{5}+1}{2}\right)^{n+1}-\left(\frac{1-\sqrt{5}}{2}\right)^{n+1}\right]。$$

（读者可以参考《从杨辉三角谈起》，有了这个公式，读者也可以用归纳法直接证明。）读者也极易算出：

$$\lim_{n\to\infty}\frac{F_n}{F_{n+1}}=W=\frac{\sqrt{5}-1}{2}。$$

由渐近性质，读者也可以看到分数法与黄金分割法的差异不大，在非常特殊的情况下，才能少做一次试验。

如果特别限制试验次数的情况下，我们可用分数来代替 0.618，例如：假定做十次试验，我们建议用 $\frac{89}{144}$，如果做九次试验用 $\frac{55}{89}$，等等。这种情况只有试验一次代价很大的情况才用。

§5 抛物线法

对技术精益求精，不管是黄金分割法或是分数法，都只比较一下大小，而不管已做试验的数值如何。我们能不能利用一下，例如在试得三个数据后，过这三点作一抛物线，以这抛物线的顶点作下次试验的根据。确切地说在三点 x_1, x_2, x_3 各试得数据 y_1, y_2, y_3（图 28），我们用插入公式

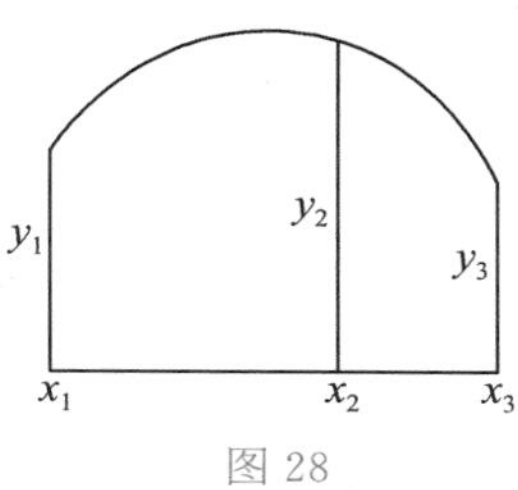

图 28

$$y=y_1\frac{(x-x_2)(x-x_3)}{(x_1-x_2)(x_1-x_3)}+y_2\frac{(x-x_1)(x-x_3)}{(x_2-x_1)(x_2-x_3)}+$$
$$y_3\frac{(x-x_1)(x-x_2)}{(x_3-x_1)(x_3-x_2)}。$$

这函数在

$$x_0=\frac{1}{2}\cdot\frac{y_1(x_2^2-x_3^2)+y_2(x_3^2-x_1^2)+y_3(x_1^2-x_2^2)}{y_1(x_2-x_3)+y_2(x_3-x_1)+y_3(x_1-x_2)}$$

处取最大值。因此我们下一次的选点取 $x=x_0$（但最好是当 y_2 比 y_1 和 y_3 大时，这样做比较合适）。同时当 $x_0=x_2$ 时，我们的方法还必须修改。例如：取 $x_0=\frac{1}{2}(x_1+x_2)$。

§6 双变数与等高线

变数多了，问题复杂了，也就困难了。但问题愈复杂，就愈需要动脑筋，也愈有用武之地。第二部分中曾经提到过，

我们并不要做完一条平分线后再做另一条，而是可以在每条线上做一两个试验就可以利用“陡度”了。也有人建议：第一批试验不在对折线上做，而在 0.618 线上用单因素法求出这直线上的最优点。这建议好，下一批试验可以少做一个。我们也提起过，在温度难调，时间好守的情况下，用平行线法，这些变“着”都显示着，在复杂的情况下，更需要灵活思考。

我们还是从两个变数谈起。

我们假定在单位方

$$0\leqslant x\leqslant 1,\quad 0\leqslant y\leqslant 1$$

中做试验，寻求 $f(x,y)$的最大值。从几何角度来看，$f(x,y)$可以看成为在(x,y)处的高度。如果把 $f(x,y)$取同一值的曲线称为等高线，$f(x,y)=a$ 的曲线称为高程是 a 的等高线。这样两个变数问题的几何表达方式就是更有等高线的地形图。

我们再回顾一下，以往我们在一直线上求最佳点的几何意义。例如，如图 29 所示，在 $x=0.618$ 的直线(1)上，照单因素方法做试验：找到最佳点在 A 处，数值是 a。这一点是一等高线(高程为 a)的切点。再在通过 A 的、平行于 x 轴的直线上找最佳点，这点在 B 处，数值是 b。这样 $b>a$，而且 B 点是等高线$f(x,y)=b$ 的切点。再在通过 B 平行于 y 轴的直线上找最佳点(图 30)……。这一方法就是一步一步地进入一个高过一个的等高圈，最后达到制高点的方法。

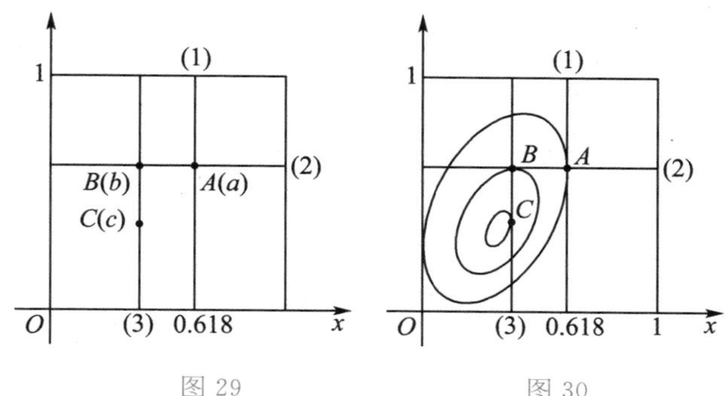

图 29　　　　图 30

注意：有人认为，找到一点横算是最优，竖算也最优，这样的点称为“死点”，因为以上的方法再也做不下去了。实际上，这是误会，这不是“死点”，而是最有意义的点（读者试从$\frac{\partial f}{\partial x}=0$，$\frac{\partial f}{\partial y}=0$，就可以看出这点所处的地位了）。

有了几何模型，就可以启发出不少方法，第二部分所讲的陡度就是其中之一。例如还有：最陡上升法（梯度法），切块法，平行切线法，等等。

多变数的方法不少，不在这儿多叙述了。但必须指出：资本主义国家流行了很多名异实同，巧立名目，使人看了眼花缭乱的方法。为专名、为专利，这是资本主义制度下所产生的自然现象。但我们必须循名核实、分析取舍才行。

§7　统计试验法

把一个正方形（或长方形），每边分为一百份，总共有一万个小方块,每块取中心点,共一万个点。我们的目的是:找出一点,在哪点试验所得的指标最好(图 31)。

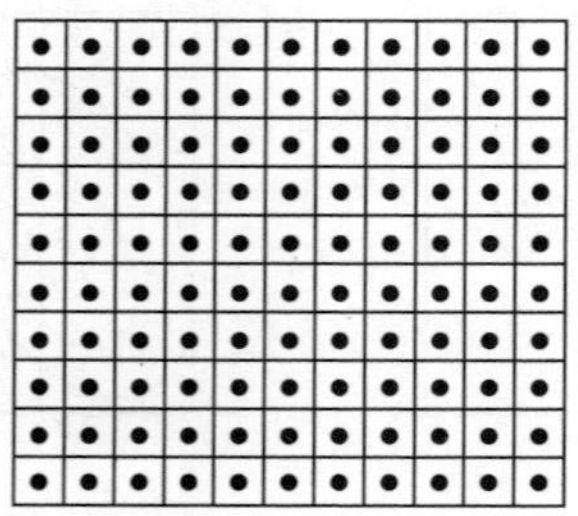

图 31

如果我们考虑容易一些的问题,找出一点比8 000点的指标都好,我们建议用以下的方法:

把这些点由一到一万标起号来。另外做一个号码袋,里面有一万个号码。摸出哪一个号码就对号做试验,这方法叫作统计试验法。也就是外国文献上所谓的蒙特卡罗(Monte Carlo)法。

它的原理是:一个袋内装有 2 000 个白球,8 000个黑球,摸出一个白球的可能性是 2 000/10 000=0.2=20%;摸出一个黑球的可能性是:

$$1-0.2=0.8,$$

连摸两个都是黑球的可能性是:

$$0.8^2=0.64,$$

连摸四个都是黑球的可能性是:

$$(0.8)^4=(0.64)^2=0.41,$$

连摸八次全是黑球的可能性是：

$$(0.8)^8=(0.41)^2=0.17,$$

连摸十次全是黑球的可能性是：

$$(0.8)^{10}=(0.8)^8(0.8)^2=0.11,$$

也就是连摸十次有白球的可能性是：

$$1-0.11=0.89,$$

也就是差不多十拿九稳的事了。

结合以上的问题，我们随机做十次试验，有 89% 的把握找到一点比 8 000 点的指标都好。

这方法的优点在于，不管峰峦起伏，奇形怪状都行，因素多少关系也不大。

缺点在于毕竟是统计方法，要碰“运气”，大数规律、试验次数多才行。

其中还包括一个“摸标号”的问题。除在上面所介绍的号码袋外，还有所谓“随机数发生器”。一种是利用盖格计数器计算粒子数，看奇、偶，用二进位法来决定的；另一种是利用噪声放大器。这些机器有快速发生随机数的优点，但就做试验的速度而言，并不需要如此快速地产生随机数。

更好的方法是数论方法（见华罗庚与王元《数值积分及

其应用》,科学出版社,1963 年)。这一方法既不需要任何装置,而且误差不像上述所讲的两种机器那样是概率性的,而是肯定性的。

这一方法,读者务必要分析接受,不要轻易应用。

§8 效果估计

把[0,1]均分为 $n+1$ 分,做 n 个试验,可以知道最优点在 $\frac{2}{n+1}$ 长的区间内。如果约定的精度是 δ,则我们需要做的试验次数便是使得

$$\frac{2}{n+1}<\delta$$

的 n,也就是 n 的数量级是 $\frac{1}{\delta}$。

对黄金分割法来说,做 n 次试验可以知道最优点在一个长度为 $(0.618)^{n-1}$ 的区间内,如果要求它小于 δ,不难算出:

$$n>4.8\log\frac{1}{\delta}。$$

也就是说 n 的数量级变成为 $\log\frac{1}{\delta}$。

对 k 个变数来说,均分法的数量级是 $\left(\frac{1}{\delta}\right)^k$,上面讲过的由黄金分割法处理的多变数的方法需要试验次数的数量级是 $\left(\log\frac{1}{\delta}\right)^k$。

我们有达到数量级 $k\log \frac{1}{\delta}$ 的方法。

实质上我们还有数量级为 $\left(\log \log \frac{1}{\delta}\right)^k$ 的方法。而 k 在指数上不好，我们又跃进了一步，得出数量级为

$$\frac{k^2}{\log k}\log \log \delta$$

的方法。

但千万注意，并不是理论上最精密的方法，也在实际上最适用。最重要的是根据具体对象，采用简快适用的方法。

注意：预先估计精度 δ，并不是完全可靠的。有时平坦些，很大的间隔都不易分辨高低，有时陡些，很小间隔就有着差异，也就是说，我们所能处理的是 x 的分隔，而实际上要辨别的是我们还不知道的 $y=f(x)$ 的大小。因而，这儿的估计只能作为参考而已。以“分数法”而言，其优点是在试验次数估计得一个不差时，而恰巧是数列 F_n 中的一个数时，可以比“黄金分割法”少做一次，但如果合乎要求的数据提前来了，也就不少做了。如果不够而还要做下去，就反而要多做一两次了。

知识分子的光辉榜样[①]

——纪念闻一多烈士八十诞辰

今年，是我国著名诗人、学者、教授闻一多先生八十诞辰。一多先生殉难已经三十多年了，但是，他那“拍案而起，横眉怒对国民党的手枪，宁可倒下去，不愿屈服”的光辉形象，仍然活在我们心上。一多先生为了建立新中国，献出了自己的生命，中国人民将永远怀念他。

一多先生是我的良师益友。从抗日战争到解放战争期间，我和他都在当时被称为民主堡垒的西南联大生活和工作，那是一段不寻常的经历，而我在同一多先生的多次交往中所受到的教益，更是终生难忘的。

拍案而起　怒斥反动派

乌云低垂泊清波，红烛光芒射斗牛。
宁沪道上闻噩耗，魔掌竟敢杀一多！

这首小诗在记述一九四六年七月震惊中外的“李闻事

---

① 原载于《闻一多纪念文集》，三联版，1979年。

件”的大量文字中，只算得上九牛之一毛。

我是在南京到上海的火车上听到一多先生殉难消息的。国民党反动派如此残暴无忌，使我目瞪口呆；一多先生为国捐躯，又使我悲痛莫名。

我是一九四六年六月底离开昆明的。那时，国民党反动派正在准备撕毁墨迹未干的停战协议，发动全面内战；同时，采取一切卑鄙无耻的阴谋手段，打击迫害爱国民主运动。昆明已处于“山雨欲来风满楼”的形势：特务杀气腾腾，四出活动，准备大打出手；风云变幻，人心惶惶，随着西南联大宣布结束，人们纷纷云散。反动派想趁机瓦解这个民主堡垒，把如火如荼的民主运动压下去。可是，在一片腥风血雨中，李公朴、闻一多两教授挺身而出，横眉怒对，被反动派视为眼中钉，肉中刺，特务扬言要以“四十万元收买闻一多的头”。我离昆前，刚刚访苏回来，很为他担心，我在作过访苏报告后曾劝他：“情况这么紧张，大家全走了，你要多加小心才是。”一多从容地回答我：“要斗争就会有人倒下去。一个人倒下去，千万人就会站起来！形势愈紧张，我愈应该把责任担当起来。‘民不畏死，奈何以死惧之’，难道我们还不如古时候的文人……”

万万没想到，我前脚走出昆明，一多继公朴之后，被反动派杀害于血泊之中。

“一个人倒下去，千万人就会站起来！”一多先生，你是这样说的，也是这样做的。七月十一日公朴遇刺后，你轻蔑地撕掉了匿名恐吓信；七月十五日，你听了公朴夫人张曼筠报告公朴遇难经过，义愤填膺，拍案而起，发表了怒斥顽凶的著名演讲：

“……

现在李先生为了争取民主和平，遭到了反动派的暗杀……

你们杀死一个李公朴，会有千百万个李公朴站起来！

人民的力量是要胜利的，真理是永远存在的！……

争取民主和平是要付代价的，我们绝不怕牺牲。我们每个人都要像李先生一样，跨出了门，就不准备再跨回来。”

一多先生，你实践了你的诺言。你的热血，洒在了争取光明的中国的斗争中。你从书斋中走出来，站到了民主运动前列，你奔走呼号，使千百万群众更加认清了国民党的黑暗统治而唾弃他们，团结到党的周围，开展声势浩大的民主运动，终于有力地配合人民解放战争，埋葬了蒋家王朝。

隔帘而居

一多的牺牲使我久久地沉入对往事的回忆：

早在清华大学时期，我就认识一多先生了，不过那时我只是无数仰慕先生风采的青年中的一个。

先生那时为无数青年所景仰也不是偶然的，他在《死水》中把黑暗的中国比作“一沟绝望的死水”，在《心跳》中呼唤“谁希罕你这墙内方尺的和平！我的世界还有更辽阔的边境……”赢得了无数青年的共鸣。

所以，当我能与一多先生在一个屋顶下共同生活，即使那生活艰难而清苦，我也感到高兴。一九三八年春，学校迁到云南。为躲避日寇的飞机轰炸，一多先生举家移居在昆明北郊的陈家营。我们一家走投无路，也来到这里。一多先生热情地让给我们一间房子，他们一家则住在连通在一起的另外两间房子里，两家当中用一块布帘隔开，开始了对于两家人都是毕生难忘的隔帘而居的生活。

在这里，我才算真正认识了一多先生。在这里，我亲眼看见这位生长在半封建半殖民地的旧中国、饱经苦难忧患、走过了自己漫长而曲折的道路的老知识分子，怎样逐步成长为一位英勇不屈的民主战士。

在陈家营闻先生一家八口和我们一家六口隔帘而居期

间，我伏首搞数学，他埋头搞"槃瓠"①，先生清贫自甘的作风和一丝不苟的学风都给我留下了难忘的印象。

在他埋头"槃瓠"期间，无论春寒料峭，还是夏日炎炎，他总是专心工作，晚上在小油灯下一直干到更深，陶醉在古书的纸香中。当时，一多先生还在走他自称的"向内发展的路"；"槃瓠"的结果，是写了一大篇《伏羲考》，他的欣喜常常溢于言表。实际上，他这样钻进故纸堆中的工作意义何在，当时很少有人理解，然而，我后来看到郭老对一多这段时间研究和从事古代神话传说的再建工作评价甚高，说一多先生是"钻进'中文'——中国文学或中国文化——里面去革中文的命"、"他搞中文是为了'里应外合'来完成'思想革命'，这就是他的治学的根本态度。"一多先生从研究神话故事入手，探求祖先的生活情况，探求"这民族、这文化"的源头，确实取得了举世公认的成就。但是，毋庸讳言，当时他对"槃瓠"的兴趣，显然在对政治的爱好之上。通过这一段患难之交的共同生活，一多先生严谨的治学态度，对我影响很大，成为我毕生学习的榜样。

在中华民族生死存亡的关头，在日渐高涨的昆明民主运动影响下，一多先生作为一个正直的爱国知识分子，终于从

---

① "槃瓠"泛指闻一多当时从事的古代神话传说的再建工作。"槃瓠"出自古代神话中关于人类产生的传说。

故纸堆中走出来了。记得在一九四四年纪念“五四”的晚会上，一多先生面对反动师生的丑恶表演，十分愤激，他勇敢地站出来支持进步青年。从此，他开始由一位诗人、学者变为为和平民主奔走呼号的战士了。当时我们仍然住在陈家营，一多先生已经搬到昆明西城昆华中学去住了。有一次，我和他谈起他身上的这种变化，他激动起来，对我说：“有人讲我变得偏激了，甚至说我参加民主运动是由于穷疯了。可是，这些年我们不是亲眼看到国家糟到这步田地，人民生活得这样困苦！我们难道连这点正义感也不该有？我们不主持正义，便是无耻、自私！”他又认真地告诉我：“要不是这些年颠沛流离，我们哪能了解这么多民间疾苦！哪能了解到反动派这样腐败不堪！”

一多先生就是这样脱离了书斋生活，来到民众中，分担民众的苦难。他义无反顾地投入了民主运动的洪流。

对于这段生活，我也写下了几行小诗：

挂布分屋共容膝，岂止两家共坎坷。

布东考古布西算，专业不同心同仇。

汇泽斗争

一九四四年，抗日前线捷报频传。“七七”前夕，党决定在云南大学汇泽堂（至公堂）举行一次纪念抗战七周年的时事报告晚会。这是皖南事变以来在昆明首次举行公开的大规模的讨论政治的集会，它有利于把蓬勃发展的民主运动推向新高潮，因而引起了反动派的警觉，他们千方百计地准备破坏这次集会：云大训导长宣布会议只谈学术问题，不准涉及政治，还派了宪警来“维持会场秩序”；三四千人的会场，竟不设扩音设备；甚至操纵一些坏人夹在群众中捣乱……

云大校长熊庆来先生奉命在会上作了一篇冗长的发言，他避而不谈晚会的宗旨是纪念抗日，却大谈其数字，尤其是讲什么“变”是不对的，“变”会带来大乱等。显而易见，他这番受人指使的论调对民主运动是不利的。闻一多先生被这番话惹恼了，于是请求主席允许他讲话，全场顿时响起了热烈的掌声。一多先生慷慨陈词，一时震动了整个汇泽堂会场：

“……有人不喜欢这个会议，不赞成谈论政治。据说，那不是我们教书人的事。

“今晚演讲的先生，我们都是老同事、老朋友，可是既然意见不同，我还是要提出来讨论讨论……

“国家糟到这步田地，我们再不出来说话，还要等到什么时候？我们不管，还有谁管？……”

一多先生十分激动，他用“学生要管事”的论点有力地驳斥了“学生要念书”的论点，感染了全场群众。这场辩论捍卫了民主运动，一多先生的演讲影响很大，他为民主运动的发展立下了大功。

事后,地下党的同志要我去给熊老做点工作,主要是说服争取熊老,以免“云大”这个民主据点落到反动派手中。熊老告诉我:“是训导长让我去的。我上了特务的当。我不该去,你见到一多,帮我解释一下。”后来,我把熊老的意思对一多先生讲了,他释然地说:“当时不得不这样啊！自然,我讲话太嫌锋利了一些。”

汇泽斗争只是昆明民主运动的一个插曲,而它在当时影响却非常大:它不仅打击了反动派的嚣张气焰,特别是使不少徘徊歧路的知识分子觉醒过来,大大增强了民主阵线的力量。汇泽斗争也是党的统一战线政策的胜利,它体现了团结一切可能团结的力量共同斗争的光辉思想,尽可能把中间势力和有错误糊涂观念的人都争取过来。当时的中国民主同盟在党领导下就是这样对团结广大知识分子做了很多工作。在“文化革命”中,万恶的“四人帮”却把民主党派打成牛鬼蛇神,发出一阵阵“唯我独左、唯我独革”的叫嚣,使党的统一战线遭到毁灭性的破坏。正反两方面的教训使我们今天更加懂得:要珍惜党的统一战线这个团结战斗、克敌制胜的法宝。

治印留念　鼓励后进

一多先生爱憎分明,他对反动派横眉怒对,对朋友和自己人却怀着深厚的感情。

我至今珍藏着一方一多先生送给我的图章，上面刻有几行小字：

“顽石一方，一多所凿。奉贻教授，领薪立约。不算寒伧，也不阔绰。陋于牙章，雅于木戳。若在战前，不值两角。”

那质朴的石章，那韵味十足的书法和那精妙的刀法相结合，给人以美好的艺术享受。

一多先生在云南，虽然身兼大学教授和中学教员，一家八口仍难以糊口。从一九四四年夏天开始，为了维持八口之家的最低温饱，一多先生又增加了一门职业，充当手工业者，搞起治印来。

一多先生的父亲是秀才，家学渊源加上他早年曾专攻艺术，使他在雕刻和图案上都有独到功夫，造诣颇深。可是他万万没有想到有朝一日会为了生计而挂出“公开治印”的招牌。

昆明市上出现了“闻一多治印”的招牌，好心的同事为他写了介绍启文：

“……文坛先进，经学名家。辨文字于毫芒，几人知己；谈风雅之源始，海内推崇。”

顾客络绎不绝。有些附庸风雅的官僚，也送来象牙请一多先生治印,都被一一坚决退回,一多先生丝毫不为丰厚的利润所动。

一多先生治印是为了生计,可是却精工镌刻了图章送给我,这是他的完美的艺术的纪念物,也是他对朋友的真挚情谊的宝贵凭证。在几十年迁徙辗转的生涯中,我一直珍藏着它,每当我取出它,就想到一多先生,它上面所凝聚的患难之交的革命情谊成为鞭策自己不断进步的动力。

一九四五年九月,一多先生被选为民盟中央执行委员,他靠近党,也十分注意团结朋友们一道前进,他热忱地支持朋友们的一切进步行动。

一九四六年三月,苏联科学院出版了我的数学著作,随后又补邀我访问苏联。一多先生听说此事,热情鼓励我要不畏旅途艰难,要冲破反动派的阻拦破坏,要坚决出国考察学习,他深情地说:“我们要学习苏联,要走苏联的道路。你能去苏联学习,对于将来搞好我们中国的科学事业是大有好处的,千万不能错过这个机会!”这样,我终于冲破重重难关,访问了苏联。

回国后,西南联大地下党组织要我作访苏报告。报告先预备在青年会教室,后来到会的人十分踊跃,临时改在大操场。地下党同志为了预防我受到特务暗害,特地安排我在阳台上讲演。报告会取得了成功,受到一多先生的夸奖:“你对苏联情况介绍得很详细,很好,这对当前民主运动的发展也很有好处。"万万没有想到,这恳切的话语竟成了一多先生给我的最后遗言,这也是他对我的最后一次鼓励啊!

一多先生离开我们三十多年了。三十多年来,祖国已发生了翻天覆地的变化。一多先生生前为之献身的新中国的理想,已经在党和毛主席领导下变成了活生生的现实。

我们要学习一多先生在中国革命面临两种前途、两种命运的关键时刻,毅然挺身而出为祖国和人民的利益英勇献身的精神。一多先生永远是我国知识分子学习的光辉榜样。

当前,我国人民团结在党中央周围,开始了向社会主义现代化进军。实现四个现代化,把中国建设成为一个繁荣昌盛的社会主义国家,是闻一多烈士和无数先烈抛头颅、洒热血而为之奋斗的理想,我们将用双手把这一理想付诸实现,我们的任务是光荣而艰巨的。作为一多先生的晚辈和朋友,我始终感到汗颜愧疚,在最黑暗的时刻,我没有像他一样挺身而出,用生命换取光明!但是,现在我又感到宽慰,可以用我的余生,完成一多先生和无数前辈未竟之事业。周总理曾说过:"鲁迅、闻一多都是最忠实、最努力的牛,我们要学习他们的榜样。"在社会主义现代化的征途中,我们要大大发扬鲁迅、闻一多的这种孺子牛精神,为祖国、为人民争做贡献。

最后,让我谨以以下两首小诗表达对一多先生八十诞辰的纪念之情：

闻君慷慨拍案起，愧我庸懦远避魔。
后觉只能补前咎，为报先烈献白头。

白头献给现代化，民不康阜誓不休。
为党随处可埋骨，哪管江海与荒丘。

学习和研究数学的一些体会①

人贵有自知之明。我知道，我对科学研究的了解是不全面的。也知道，搞科学极重要的是独立思考，各人应依照各人自己的特点找出最适合的道路。听了别人的学习、研究方法，就以为我也会学习研究了，这个就无异于吃颗金丹就会成仙，而无需经过勤修苦炼了。

今天把我五十年来的经验教训，所见所闻、所体会的向你们介绍，目的在于尽可能把我的经验作为你们的借鉴，具体问题具体分析、具体的个人应当想出最适合自己的有效方法来。

一、我第一点准备和同志们谈的问题是速度、是效率

速度是实现社会主义现代化的保证。例如说像我这样又老又拐的人，我在前头走你们赶我不费劲，一赶就赶上，而我要赶你们，除非你们躺下来睡大觉，否则我无论如何是赶不上的。现在世界上科学发展很快，我们如果没有超过

① 本文是对中国科技大学研究生们的讲话。原载于1979年1期《数学通报》。

美国的速度和效率就不可能赶上美国。我们没有超过日本的速度和效率，我们就不可能赶上日本。如果我们的速度仅仅和美、日等国一样，那么也只能是等时差的赶，超就是一句空话。所以说，我们应当首先在速度和效率上超过他们。

但要我们的速度和效率超过他们有没有可能呢？这似乎是一个大问题，其实不然，我在美国待过，在英国待过，也在苏联待过。我看到他们的速度不是神话般地快不可及。我们是赶得上超得过的！我们许多美籍华人，如果他们的速度不能超过一般的美国人的话，也就不会成为现代著名的科学家了。所以事实证明，只要我们努力下功夫，赶超是完全可以的。就以我自己来说，我是 1936 年到英国的，在那里呆了两年，回国后在昆明乡下住了两年，1940 年就完成了堆垒素数论的工作。1950 年回国后，在 1958 年之前，我们的数论、代数、多复变函数论等都达到了世界上的良好的水平。所以经验告诉我们，纯数学的一门学科有四五年就能在世界上见头角了。你们现在时代更好了，中央粉碎了“四人帮”，带来了科学的春天。在这样的条件下边，我敢断言，只要肯下功夫，努力钻研，只要不浪费一分一秒的时间，我们是能够赶上世界先进水平的。特别是我们数学，前有熊庆来、陈建功、苏步青等老前辈的榜样，现在又有许多后起之秀，更多的后起之秀也一定会接踵而来。

二、消　化

抢速度不是越级乱跳，不是一本书没有消化好就又看一本，一个专业没有爬到高处就又另爬一个山峰。我们学习必须先从踏踏实实地读书讲起。古时候总说这个人“博闻强记”、“学富五车”。实际上古人的这许多话到现在已是不足为训了，五车的书，从前是那种大字的书，我想一个指甲大小的集成电路就可以装它五本十本，学富五车，也不过十几块几十块集成电路而已。现在也有相似的看法，说某人念了多少多少书，某人对世界上的文献记得多熟多熟，当然这不是不必要的，而这只能说走了开始的第一步，如果不经过消化，实际抵不上一个图书馆，抵不上一个电子计算机的记忆系统。人之所以可贵就在于会创造，在于善于吸收过去的文献的精华，能够经过消化创造出前人所没有的东西。不然人云亦云世界就没有发展了，懒汉思想是科学的敌人，当然也是社会发展的敌人。

什么叫消化？检验消化的最好的方法就是“用”。会用不会用，不是说空话，而是在实际中考验。碰到这个问题束手无策，碰到那个问题又是一筹莫展，即使他能写几篇模仿性的文章，写几本抄抄译译著作，这同社会的发展又有什么关系呢？当然我不排斥初学的人写几篇模仿性的文章，但决不能局限于此，须发皆白还是如此。

消化，只有消化后，我们才会灵活运用。如果社会主义建设需要我们，我们就会为社会主义建设服务，解决问题，贡献力量。客观的问题上面不会贴上标签的，告诉你这需要用数论，那个是要用泛函，而社会主义建设所提出来的问题是各种各样无穷无尽的，想用一个方法套上所有的实际问题，那就是形而上学的做法。只有经过独立思考和认真消化的学者，才能因时因地根据不同的问题，运用不同的方法真正解决问题。

当然，刚才说消化不消化只有在实际中进行检验。但是同学们不一定就有那么多的实践机会，在校学习的时候有没有检查我们消化了没有的方法呢？我以前讲过，学习有一个由薄到厚，再由厚到薄的过程。你初学一本书，加上许多注解，又看了许多参考书，于是书就由薄变厚了。自己以为这就是懂了，那是自欺欺人，实际上这还不能算懂。而真正懂，还有一个由厚到薄的过程。也就是全书经过分析，扬弃枝节，抓住要点，甚至于来龙去脉都一目了然了，这样才能说是开始懂了。想一想在没有这条定理前，人家是怎样想出来的，这也是一个检验自己是否消化了的方法。当然，这个方法不如前面那种更踏实。总的一句话，检验我们消化没有，弄通没有的最后的标准是实践。是能否灵活运用解决问题。也许有人会说这样念书太慢了。我的体会不是慢了，而是快了。因为我们消化了我们以前念过的书，再看另一本书时，我们脑子里的记忆系统就会排除那些过去弄懂了的东西。而只注意新书中自己还没有碰到过的新东西。所以说,这样脚踏实地地上去,不是慢了而是快了。不然的话囫囵吞枣地学了一阵,忘掉一阵,再学再忘,白费时光事小,使自己"于国于家无望"事大。更可怕的是好高骛远。例如中学数学没学懂,他已读到大学三、四年级的课程,遇到困难,但又不屑于回去复习,再去弄通中学的东西,这样前进,就愈进愈糊涂,陷入泥坑,难以自拔。有时候阅读同一水平的书,如果我们以往的书弄懂了,消化了,那么在同一水平书里找找以往书上没有的东西就可以过去了。找不到很快送上书架,找到一点两点就只要把这一两点弄通就得了,这样读书就快了,不是慢了。

读书得法了,然后看文献,实际上看文献和看书没有什么不同,也是要消化。不过书上是比较成熟的东西,去粗取精,则精多粗少。而文献是刚出来的,往往精少而粗多。当然也不排除有些文章,一出来就变成经典著作的情况,但这毕竟是少数的少数。不过多数文章通过不多时间就被人们遗忘了。有了吸取文献的基础,就可以搞研究工作。

这里我还要强调一下独立思考。独立思考是搞科学研究的根本,在历史上,重大的发明没有一个是不通过独立思考就能搞出来的。当然,这并不等于说不接受前人的成就而"独立""思考"。例如有许多人,搞哥德巴赫猜想,对前人的工作一无所知，这样搞，成功的可能性是很小的。独立思考也并不是说不要攻书，不要看文献，不要听老师的讲述了。书本、文献、老师都是要的，但如果拘泥于这些，就会失去创造力，使学生变成教师的一部分，这样就会愈缩愈小，数学上出了收敛的现象。只有独立思考才能够跳出这个框框，创造出新的方法，创造出新的领域，推动科学的进步。独立思考不是说一个人独自在那里冥思苦想，不和他人交流。独立思考也要借助别人的结果，也要依靠群众和集体的智慧。独立思考也可以补救我们现在导师的不足。导师经验较差，导师太忙顾不过来，这都需独立思考来补救。甚至于像我们过去在昆明被封锁的时候，外国杂志没处来，我们还是独立思考，想出新的东西来，而想出来的东西和外国人并没重复。即使有，也别怕。例如说，我青年时在家里发表过几篇文章，而退稿的很多，原因是别人说你的这篇文章那本书里已有此定理了，那篇文章在某书里也已有证明了，等等。而对这种情况是继续干呢？还是就泄气呢？觉得上不起学，老是白费时间搞前人所搞过的东西。当时，我并没有这样想。在收到退稿时反而高兴，这使我明白，原来某大科学家搞过的东西，我在小店里也能搞出来。因此我还是加倍继续坚持搞下去了。我这里并不是说过去的文献不要看，而是说即使重复了人家的工作也不要泄气，要对比一下自己搞出来的同已有的有什么区别，是不是他们的比我们的好，这样就学习了人家的长处，就有进步，如果相比之下我们还有长处就增加了信心。

我们有了独立思考，没有导师或文献不全，就都不会成为我们的阻力。相反，有导师我们也还要考虑考虑讲的话对不对，文献是否完整了……。总之，科学事业是善于独立思考的人所创造出来的，而不是像我前面所说的等于几块集成电路的那种人创造出来的，因为这种人没有创造性。毛主席指出，研究问题，要去粗取精，去伪存真，由此及彼，由表及里。做到这四点，就非靠独立思考不可，不独立思考就只能得其表，取其粗，只能够伪善杂存，无法明辨是非。

三、搞研究工作的几种境界

1. 照葫芦画瓢地模仿。模仿性的工作，实际上就等于做一个习题。当然，做习题是必要的，但是一辈子做习题而无创新又有什么意思呢？

2. 利用成法解决几个新问题。这个比前面就进了一步，但是我们在这个问题上也应区别一下。直接利用成法也和做习题差不多，而利用成法，又通过一些修改，这就走上搞科学研究的道路了。

3. 创造方法，解决问题，这就更进了一步。创造方法是一个重要的转折，是自己能力的提高的重要表现。

4. 开辟方向，这就更高了，开辟了一个方向，可以让后人做上几十年，成百年。这对科学的发展来讲就是有贡献。我是粗略地分为以上这四种，实际上数学还有许多特殊性的问题。像著名问题你怎样改进它，怎样解决它，这在数学方面一般也是受到称赞的。在二十世纪初希尔伯特提出了二十三个问题。这许多问题，有些是会对数学的本质产生巨大的影响。费尔马问题我想这是大家都知道的。这个问题如用初等数论方法解决了，那没有发展前途，当然，这样他可以获得"十万马克"。但对数学的发展是没有多大意义的。而库麦尔虽没有解决费尔马问题，但他为研究费尔马却创造了理想数，开辟了方向。现在无论在代数、几何、分析等方面，都用上了这个概念，所以它的贡献远比解决一个费尔马问题大。所以我觉得，这种贡献就超过了解决个别难题。

我对同志们提一个建议，取法乎上得其中，取法乎中得其下。研究工作还有一条值得注意的，要攻得进去，还要打得出来。攻进去需要理论，真正深入到所搞专题的核心需要理论，这是人所共知的。可是要打得出来，并不比钻进去容易。世界上有不少数学家攻是攻进去了，但是进了死胡同就出不来了，这种情况往往使其局限在一个小问题里，而失去了整个时间。这种研究也许可以自娱，而对科学的发展和社会主义的建设是不会有作用的。

四、我还想跟同学们讲一个字，“漫”字

我们从一个分支转到另一个分支，是把原来所搞分支丢掉跳到另一分支吗？如果这样就会丢掉原来的。而“漫”就是在你搞熟弄通的分支附近，扩大眼界，在这个过程中逐渐转到另一分支，这样，原来的知识在新的领域就能有用，选择的范围就会越来越大。我赞成有些同志钻一个问题钻许多年搞出成果，我也赞成取得成果后用“漫”的方法逐步转到其他领域。

鉴别一个学问家或个人，一定要同广，同深联系起来看。单是深，固然能成为一个不坏的专家，但对推动整个科学的发展所起的作用，是微不足道的。单是广，这儿懂一点，那儿懂一点，这只能欺欺外行，表现表现他自己博学多才，而对人民不可能做出实质性的成果来。

数学各个分支之间，数学与其他学科之间实际上没有不可逾越的鸿沟。以往我们看到过细分割、各搞一行的现象，结果呢？哪行也没搞好。所以在钻研一科的同时，把与自己学科或分支相近的书和文献浏览浏览，也是大有好处的。

五、我再讲一个“严”字

不单是搞科学研究需要严，就是练兵也都要从难，从严。至于说相互之间说好听的话，听了谁都高兴。在三国的时候

就有两个人,一个叫孔融,一个叫弥衡。弥衡捧孔融是仲尼复生,孔融捧弥衡是颜回再世。他们虽然相互捧得上了九霄云外,而实际上却是两个饭桶,其下场都是被曹操直接或间接地杀死了。当然,听好话很高兴,而说好话的人也有他的理论,说我是在鼓励年青人。但是这样的鼓励,有的时候不仅不能把年青人鼓励上去,反而会使年青人自高自大,不再上进。特别是若干年来,我知道有许多对学生要求从严的教师受到冲击。而一些分数给得宽,所谓关系搞得好的,结果反而得到一些学生的欢迎。这种风气只会拉社会主义的后腿,以至现在我们要一个老师对我们要求严格些,而老师都不敢真正对大家严格要求。所以我希望同学们主动要求老师严格要求自己,对不肯严格要求的老师,我们要给他们做一些思想工作,解除他们的顾虑。同样一张嘴,说几句好听的话同说几句严格要求的话,实在是一样的,而且说说好听话大家都欢迎,这有何不好呢?并且还有许多人认为这样是团结好的表现。若一听到批评,就认为不团结了,需要给他们做思想工作了等等。实际上这是多余的,师生之间的严格要求,只会加强团结,即使有一时想不开的地方,在长远的学习、研究过程中,学生是会感到严师的好处的。同时对自己的要求也要严格。大庆三老四严的作风,我们应随时随地、人前人后地执行。

我上面谈到过的消化,就是严字的体现,就是自我严格要求的体现。一本书马马虎虎地念，这在学校里还可以对付，但是就这样毕了业，将来在工作中间要用起来就不行了。我对严还有一个教训，在 1964 年，我刚走向实践想搞一点东西的时候，在“乌蒙磅礴走泥丸”的地方，有一位工程师，出于珍惜国家财产的心情，就对我说：雷管现在成品率很低，你能不能降低一些标准，使多一些的雷管验收下来。我当时认为这个事情好办。我只要略略降低一些标准，验收率就上去了。但后来在梅花山受到了十分深刻的教训。使我认识到，降低标准 1%，实际就等于要牺牲我们四位可爱的战士的生命。这是我们后来搞优选法的起点。因为已经造成了的产品，质量不好，我们把住关，把废品卡住，但并不能消除由于废品多而造成的损失。如果产品质量提高了，废品少了，那么给国家造成的损失也就自然而然地小了。我这并不是说质量评估不重要，我在 1969 年就提倡，不过我们搞优选法的重点就在预防。这就和治病、防病一样，以防为主。搞优选法就是防止次品出现。而治就是出了废品进行返工，但这往往无法返工，成为不治之症。老实说，以往我对学生的要求是习题上数据错一点没有管，但是自从那次血的教训，使我得到深刻的教育。我们在办公室里错一个 1%，好像不要紧，可是拿到生产、建设的实践中去，就会造成极大的损失。所以总的一句话，包括我在内，对严格要求我们的人，应该是感谢不尽的。对给我们戴高帽子的人，我也感谢他，不过他这个帽子我还是退还回去，请他自己戴上。同学们，求学如逆水行舟，不进则退。只要哪一天不严格要求自己，就会出问题。当然，数学工作者，从来没有不算错过题的。我可以这样说一句，天下只有哑巴没有说过错话；天下只有白痴没想错过问题；天下没有数学家没算错过题的。错误是难免要发生的，但不能因此而降低我们的要求，我们要求是没有错误，但既然出现了错误，就应该引以为教训。不负责任地吹嘘，虽然可能会使你高兴，但我们要善于分析，对这种好说恭维话的人要敬而远之，自古以来有一句话，就是：什么事情都可以穿帮，只有戴高帽子不能穿帮。不负责任地恭维人，是旧社会遗留下来的恶习，我们要尽快地把它洗刷掉。当然，别人说我们好话，我们不能顶回去，但我们的头脑要冷静、要清醒，要认识到这是顶一文钱不值的高帽子，对我的进步毫无益处。

实事求是，是科学的根本，如果搞科学的人不实事求是，那就搞不了科学，或就不适于搞科学。党一再提倡实事求是的作风，不实事求是地说话、办事的人，就背离了党的要求。科学是来不得半点虚假的。我们要正确估价好的东西，就是一时得不到表扬，也不要灰心，因为实践会证明是好的。而不太好的东西，就是一时得到大吹大擂，不会多久也就会烟消云散了。我们要有毅力，要善于坚持。但是在发现是死胡同的时候，我们也得善于转移，不过发现死胡同是不容易的，不下功夫是不会发现的。就是退出死胡同时，也得搞清楚它死在何处，经过若干年后，发现难点解决了，死处复活了，我就又可以打进去。失败是经常的事，成功是偶然的。所有发表出的成果，都是成功的经验，同志们都看到了，而同志们哪里知道，这是总结了无数失败的经验教训才换来的。跟老师学习就有这样一个好处，好老师可以指导我们减少失败的机会，更快吸收成功的经验，在这个基础上又创造出更好的东西。还可以看到他的失败的经验，和山穷水尽疑无路，柳暗花明又一村，怎样从失败又转到成功的经验，切不可有不愿下苦功侥幸成功的想法。天才，实际上在他很漂亮解决问题之前是有一个无数次失败的艰难过程。所以同学们千万别怕失败，千万别以为我写了一百张纸了，但还是失败了，我搞一个问题已两年了，而还没有结果等就丧失信心，我们应总结经验，发现我们失败的原因，不再重复我们失败的道路，总的一句话，失败是成功之母。

似懂非懂，不懂装懂比不懂还坏。这种人在科学研究上是无前途的，在科学管理上是瞎指挥的。如果自己真的知己，承认不懂，则容易听取群众的意见，分析群众的意见，尊重专家的意见，然后和大家一起做出决定来……特别对你们年轻人，没有经过战火的考验(战火的考验是最好的考验，错误的判断就打败仗，甚至于被敌人消灭)，也没有深入钻研的经验，就不知道旁人的甘苦。如果没有组织群众性的搞科学研究的锻炼和能力，就必然陷入瞎指挥的陷阱。虽然他(或她)有雄心想办好科学，实际上会造成拆台的后果。所以我要求你们年轻人有两条:(1)有对科学钻深钻懂一行两行的锻炼。(2)能有搞科学试验运动,组织群众,发动群众,把科学知识普及给群众的本领。不然,对四个现代化来说就会起拉后腿的作用。对个人来说一事无成,而两鬓已斑。

当前在两条不可得兼的时候,择其一也可,总之没有农民不下田就有大丰收的事情,没有不在机器边而能生产出产品的工人。脑力劳动也是如此,养得肠肥脑满,清清闲闲,饱食终日无所用心的科学家或科学工作组织者是没有的。

单凭天才的科学家也是没有的,只有勤奋,才能勤能补拙,才能把天才真正发挥出来。天资差的通过勤奋努力,就可以赶上和超过有天才而不努力的人。古人说,人一能之己十之,人十能之己百之,这是大有参考价值的名言。

六、要善于暴露自己

不懂装懂好不好?不好!因为不懂装懂就永远不会懂。要敢于把自己的缺点和不懂的地方暴露出来,不要怕难为情。暴露出来顶多受老师的几句责备,说你"连这个也不懂",但是受了责备后不就懂了吗?可是不想受责备,不懂装懂,这就一辈子也不懂。科学是实事求是的学问,越是有学问的人,就越是敢暴露自己,说自己这点不清楚,不清楚经过讨论就清楚了。在大的方面,百家争鸣也就是如此,每家都敢于暴露自己的想法,每家都敢批评别人的想法,每家都接受别人的优点和长处,科学就可以达到繁荣、昌盛。“四人帮”搞得大家对问题表态不好,不表态也不好,明知不对也不敢暴露,这样就自然产生僵化,僵化是科学的死敌,科学就不能发展。不怕低,就怕不知底。能暴露出来,让老师知道你的底在哪里,就可以因材施教。同时,懂也不要装着不懂。老师知道你懂了很多东西,就可以更快地带着你前进。也就是一句话,懂就说懂,不懂就说不懂,会就说会,不会就说不会,这是科学的态度。

好表现,这似乎是一个坏事,实际也该分析一下。如果自己不了解,或半知半解而就卖弄他的渊博,这是真正的好表现,这不好。而把自己懂的东西交流给旁人,使别人以更短的时间来掌握我们的长处,这种表现是我们欢迎的,这不是好(hào)表现,这是好(hǎo)表现。科学有赖于相互接触,互相交流彼此的长处,这样我们就可以兴旺发达。

我上面所讲的有片面性,更重要的是为人民服务的问题。大家政治理论学习比我好,同时我们这里也没有时间了,就不在这里多讲了。我用一句话结束我的发言:

不为个人,而为人民服务。

当然我这篇讲话就是这个主题,但没能充分发挥,不过人贵有自知之明,我对这方面的认识更弱于我对数学的认识了,而政治干部比我搞业务的人就知道的更多了。我也就不想在这里超出我的范围多说了。

在中华人民共和国普及数学方法的若干个人体会①

一、引　言

在第四届国际数学教育会议上，我能够作为四个主讲人之一，我个人感到光荣，这也是中国人民的光荣。但另一方面，人贵有自知之明，我的数学是自学出来的，对于数学教育，实践不多。近二十年来，我从事把数学方法交到工人和技术人员手里、为生产服务的工作，也是一面搞理论研究、一面教学、一面在实践中摸索着做的。这是我第一次有机会向先进的数学教育工作者学习。在数学教育方面，我仍然是个初学者、自学者，许多有关数学教育的名著都没有学习过。在我的讲话中，如有缺点错误，就请大家指教和纠正。

---

① 这是华罗庚同志在第四届国际数学教育大会上的报告的修订稿，原文是英文（见 L. K. Hua and H. Tong, Some personal experiences in popularizing mathematical methods in the People's Republic of China, Int. J. Math. Educ. Sci. Technol; 13:4, 1982, 371～386.），这次会议是1980年8月在伯克利市召开的。

二、三个原则

我从事普及数学方法的工作是从 60 年代中期开始的，迄今我们已经到过中国的 23 个省、市、自治区，几百个城市，几千个工厂，会见了成百万的工人、农民和技术人员。从工作实践中，我们体会到在普及数学方法时有以下三个原则：

(1)“为谁?”或“目的是什么?”

(2)“什么技术?”

(3)“如何推广?”

我现在对这三个问题简单地分述如下：

(1)在专家与工人之间并不一定有共同语言，要找到共同语言，必须要有共同的目的。决不能你想你的，他想他的。无穷维空间对一个数学家来说很引人入胜，但对工人来说，他不关心这一点。他希望尽快地找到砂轮或锡林(cylinder)的平衡位置。因此搞普及工作，首先要找到讲者与听者间的共同目标。有了共同目标，就能为产生共同语言打开道路。这样才有可能提到(2)选择什么技术的问题。

(2)关于这一问题，我以后还要比较详细地讲，现在仅提出“选题三原则”：

①群众性。我们提出来的方法，要让有关的群众听得

懂，学得会，用得上，见成效。

②实践性。每个方法在推广之前都要经过实践，通过实践去检验这个方法可以适用的范围，然后在这个范围内进行推广，在实践中会发现，在国外取得成功的方法，如果原封不动地搬到中国来，往往也不一定能取得预期的成果。

③理论性。必须有较高的理论水平，因为有了理论，才能深入浅出；因为有了理论，才能辨别方法的好坏；因为有了理论，才能创造新的方法。

(3)如何推广的问题，我们的经验是：亲自下去，从小范围做起。例如先从一个车间做起，从一个项目做起。如果一个车间做出成绩，引起了注意，其他车间会闻风而来，邀请我们前去。如果整个工厂从领导到群众大多感兴趣了，那就可以推广到整个工厂，一直到整个城市、整个省和自治区。就这样，有时我们要对几十万个听众演讲。演讲的方法是有一个主会场，并设若干个分会场。我们的闭路电视还不普遍，所以在每个分会场都有我的助手、负责演示与画图。讲完后，我们不仅要负责答疑，更重要的是到现场去，和大家一起工作、实践，务必让讲授的方法在生产中见到效果。

三、书本上寻

作为一个学者，往往会到文献中或书本上寻找材料。如果能注意分析比较，这样作不失为一个好方法，可以从中获得不少经验和教训。例子很多，我仅举其中之一。

如何计算山区的表面积？我们在书上找到了两个方法：一个是地质学家的 Бауман 法，另一个是地理学家的 Волков 法。这些方法的叙述如下：

从一个画有高程差为 Δh 的等高线地图出发。l_0 是高度为 0 的等高线，l_1 是高度为 Δh 的等高线，……，l_n 是制高点，高度为 h。W_i 是 l_i 与 l_{i+1} 间平面上的面积。

(1)地质学家的方法分两步：

(a)令 $C_i=\frac{1}{2}(|l_i|+|l_{i+1}|)$，$|l_i|$是等高线 l_i 的长度。

(b)$B_n = \sum_{i=0}^{n-1} \sqrt{W_i^2 + C_i^2}$。

地质学家把 B_n 看作是这块山地区域面积值。

(2)地理学家的方法，也分两步：

(a)$l = \sum_{i=1}^{n} | l_i |$，$W = \sum_{i=0}^{n-1} W_i$。

(b)$V_n = \sqrt{W^2 + (\Delta h \cdot l)^2}$。

地理学家把 V_n 看作是这块山地区域面积值。

这是我们从不同的科学分支找来的两种方法。当这些方法摆在我们面前的时候，立刻就出现了两个问题：(i)它们是否收敛于真面积？(ii)哪个方法好些？

使人失望的是，两个方法都不收敛于真面积 A，确切地说，命

$$B=\lim_{n\to\infty}B_n,\quad V=\lim_{n\to\infty}V_n,$$

则得出

$$V\leqslant B\leqslant A。$$

证明是不难的，但似乎有些趣味。我们把曲面写成为

$$\rho=\rho(z,\theta),\quad 0\leqslant\theta\leqslant 2\pi。$$

这是以制高点为原点、高度为 z 的等高线方程，则习知

$$A=\int_0^h\int_0^{2\pi}\sqrt{\rho^2+\left(\frac{\partial\rho}{\partial\theta}\right)^2+\left(\rho\,\frac{\partial\rho}{\partial z}\right)^2}\,\mathrm{d}\theta\mathrm{d}z。$$

如果引进一个复值函数

$$f(z,\theta)=-\rho\,\frac{\partial f}{\partial z}+\mathrm{i}\,\sqrt{\rho^2+\left(\frac{\partial\rho}{\partial\theta}\right)^2},$$

则

$$V=\left|\int_0^h\int_0^{2\pi}f(z,\theta)\,\mathrm{d}\theta\mathrm{d}z\right|\leqslant B=\int_0^h\left|\int_0^{2\pi}f(z,\theta)\,\mathrm{d}\theta\right|\mathrm{d}z$$

$$\leqslant A=\int_0^h\int_0^{2\pi}|f(z,\theta)|\,\mathrm{d}\theta\mathrm{d}z。$$

我们还发现了它们取等号的可能性。很不幸，只有在一

些非常特殊的情况下，才取等号。

这个例子，一方面说明了数学工作者从其他科学领域寻找问题的可能性。另一方面，也说明了数学理论的作用。没有数学理论就不能识别方法的好坏。经过理论上的分析，我们就有可能由之而创造出更好的方法来。

找出了较好的方法，是不是能够成为我们应该普及的材料？不！这个方法只要让地质地理学家们知道就够了。也就是建议他们写书的时候改用新法，或作为我们教授微积分时的资料就行了。

虽然这不是我们可以推广的项目，但我还是觉得这样的工作是必要的。这样的材料积累多了，就可以使我们改写教材时显得更充实，习题可以更实际，不是仅仅在概念上兜圈子，或凭空地去想些难题。

四、车间里找

从一个车间或从个别工人那里得来的问题，也有不少是很有意义的。我在这儿举其中一个作为例子，叫作挂轮问题。

那是1973年，我们到了中国中部的洛阳市去推广应用数学方法。洛阳拖拉机厂的一位工人给我们提出一个“挂轮问题”。

用数学的语言来表达：给定一个实数 ξ，寻求四个介于 20 和 100 之间的整数 a,b,c,d，使

$$\left|\xi-\frac{a\times b}{c\times d}\right|$$

最小。

这位工人给我们指出，从机械手册所查到的数字是不精确的。他以 $\xi=\pi$ 为例，手册上给出的是

$$\frac{377}{120}=\frac{52\times 29}{20\times 24},$$

他自己找到的

$$\frac{2\ 108}{671}=\frac{68\times 62}{22\times 61}$$

要比手册上的好。他问还有比这更好的吗？

这是 Diophantine 逼近问题，粗看起来容易，用连分数有可能解决这个问题。或许从 π 的渐近分数

$$\frac{3}{1},\quad \frac{22}{7},\quad \frac{333}{106},\quad \frac{355}{113},\quad \frac{103\ 993}{33\ 102},\cdots$$

中能找到一个数比这位工人找出的数更好？可是不行！$\frac{355}{113}$ 以前的分数太粗糙，不比他的好。以后的分子分母都超过 100^2，不合要求。113 是素数，不能分解为 $c\times d$。这个问题竟成了棘手的问题。怎么办？

时间仅有一天！在我离开洛阳的时候，在火车站给我的

助手写了一张小纸条：

$$\boxed{\frac{377}{120}=\frac{22+355}{7+113}}$$

我的助手看了这小纸条，知道我建议他用 Farey 中项法。

我的助手用这方法，又找出两个更好的分数。

$$\frac{19\times355+3\times333}{19\times113+3\times106}=\frac{7\ 744}{2\ 465}=\frac{88\times88}{85\times29}$$

及

$$\frac{11\times355+22}{11\times113+7}=\frac{3\ 927}{1\ 250}=\frac{51\times77}{50\times25}$$

最后一个分数是最好的。

上面是以 π 作为例子，但得出来的方法可以用来处理任意的实数。根据这个方法我们发现工程手册上有好些 a、b、c、d 并不是最好的，并且还有漏列。我在此顺便一提：我们可以根据这些经验去帮助编写工程手册的单位和人员，改进他们手册的质量。

找到这个方法，是否能作为我们推广普及的材料？虽然需要这方法的人比算山区表面积的人多些，但用“挂轮计算”的毕竟还是工人中的极少数，而且，如果工程手册改进了，也就可以起到同样的作用。于是，“选题”问题还需要多方探讨。

五、优选法

来回调试法是我们经常用的方法。但是怎样的来回调试最有效？1952 年 J. Kiefer 解决了这一问题。由于和初等几何的黄金分割有关，因而称为黄金分割法。这是一个应用范围广阔的方法，我们怎样才能让普通工人掌握这个方法并用于他们的工作中？

我们讲授的方法是(先预备一张狭长纸条)

(1)请大家记好一个数字 0.618。

(2)举例说：进行某工艺时，温度的最佳点可能在 1 000 ℃～2 000 ℃之间。当然，我们可以隔一度做一个试验，做完一千个试点之后，我们一定可以找到最佳温度。但要做一千次试验。

(3)(取出纸条)假定这是有刻度的纸条，刻了1 000 ℃到 2 000 ℃。第一个试点在总长度的 0.618 处做，总长度是 1 000，乘以 0.618 是 618，也就是说第一点在 1 618 ℃做，做出结果记下(图 1)。

图 1

(4)把纸条对折，在第一试点的对面，即点②(1 382 ℃)处做第二试验(图 2)。

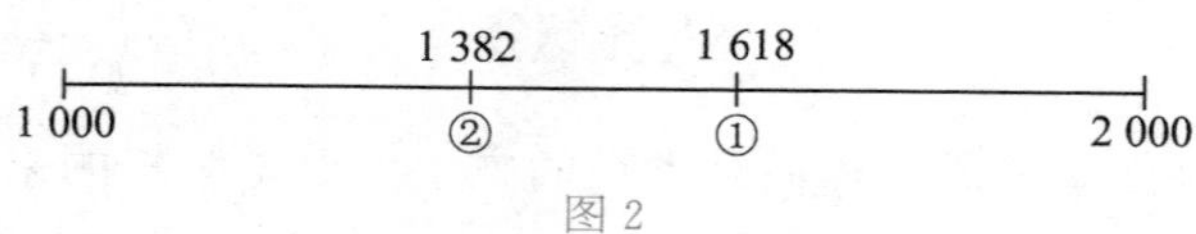

图 2

比较第一、二试点结果，在较差点（例如①）处将纸条撕下不要。

(5)对剩下的纸条，重复(4)的处理方法，直到找出最好点。

用这样的办法，普通工人一听就能懂，懂了就能用。根据上面第二部分提出的“选题三原则”，我们选择了若干常用的优选方法，用类似的浅显语言向工人讲授。

对于一些不易普及但在特殊情况下可能用上的方法，我们也作了深入的研究。例如 1962 年提出的 DFP 法（Davidon-Fleteher-Powell）。声称收敛速度是

$$|x^{(k+1)}-x^*|=o(|x^{(k)}-x^*|),$$

我们曾指出此法的收敛速度还应达到

$$|x^{(k+n)}-x^*|=o(|x^{(k)}-x^*|^2)。$$

1979 年我们在西欧才得知 W. Burmeister 于 1973 年曾证明了这结果。但是我们早在 1968 年就给出了收敛速度达到

$$|x^{(k+n)}-x^*|=o(|x^{(k)}-x^*|^2)$$

的方法。这方法比 DFP 法至少可以少做一半试验。

六、分数法

有时客观情况不是连续变化的。例如一台车床，只有若干档速度。这时候，$\frac{\sqrt{5}-1}{2}\approx 0.618$ 似乎难以用上，但连分数又起了作用。$\frac{\sqrt{5}-1}{2}$的渐近分数是

$$\frac{0}{1},\ \frac{1}{1},\ \frac{1}{2},\ \frac{2}{3},\ \frac{3}{5},\ \frac{5}{8},\ \frac{8}{13},\ \cdots,\frac{F_n}{F_{n+1}},\cdots$$

这儿的$\{F_n\}$是 Fibonacci 数，由 $F_0=1$，$F_1=1$ 及 $F_n+F_{n+1}=F_{n+2}$来定义。这个方法，我们是利用“火柴”或零件，在车床旁向工人们讲述的。

例如，一台车床有 12 档

①②③④⑤⑥⑦⑧⑨⑩⑪⑫

我们建议在第⑧档做第一个试验，然后用对称法，在⑤做第二个试验，比比看哪个好。如果⑧好，便甩掉①～⑤而留下

⑥⑦⑧⑨⑩⑪⑫

（不然，则留下

①②③④⑤⑥⑦）

再用对称法，在⑩处做试验。如果还是⑧好，则甩掉⑩⑪⑫，余下的是

⑥⑦⑧⑨

再用对称法在⑦处做试验，如果⑦好，便留下

⑥$\dot{⑦}$

最后在⑥处做试验，如果⑥较⑦好，则⑥是十二档内最好的一档，我们就在⑥档上进行生产。

这种方法易为机械加工工人所掌握。

七、黄金数与数值积分

$\theta=\frac{\sqrt{5}-1}{2}$称为黄金数，不但在黄金分割上有用，它在 Diophantine 逼近上也占有独特的地位。因而启发我想到以下的数值积分公式：

$$\int_0^1\int_0^1 f(x,y)\mathrm{d}x\mathrm{d}y \sim \frac{1}{F_{n+1}}\sum_{t=1}^{F_{n+1}} f\left(\left\{\frac{t}{F_{n+1}}\right\},\left\{\frac{tF_n}{F_{n+1}}\right\}\right)$$

这是用单和来逼近重积分的公式，这儿$\{\xi\}$表ξ的分数部分。

如何把这个方法推广到多维积分呢？关键在于我们要认识到$\frac{\sqrt{5}-1}{2}$是什么？它是分单位圆为五份而产生的，也就是从

$$x^5=1$$

即

$$x^4+x^3+x^2+x+1=0$$

中，令 $y=x+\frac{1}{x}$而得到 $y^2+y-1=0$，解之，得 $y=\frac{\sqrt{5}-1}{2}$，也

就是 $y=2\cos\frac{2\pi}{5}$。这是分圆数，既然分圆为 5 份的 $2\cos\frac{2\pi}{5}$有用处，那么分圆为 p 份的

$$2\cos\frac{2\pi l}{p},\quad 1\leqslant l\leqslant\frac{p-1}{2}=s$$

是否能用来处理多维的数值积分？此处 p 表示奇素数。

Minkowski 定理早已证明有 $x_1,\cdots,x_{s-1}$ 及 y，使

$$\left|2\cos\frac{2\pi l}{p}-\frac{x_l}{y}\right|\leqslant\frac{s-1}{sy^{s/s-1}}。$$

但 Minkowski 的证明是存在性证明，对于分圆域$R\left(2\cos\frac{2\pi}{p}\right)$而言，因为有一个独立单位系的明确表达式，所以能够有效地找到 $x_1,\cdots,x_{s-1}$ 与 y，因此可用

$$\left(\left\{\frac{t}{y}\right\},\left\{\frac{tx_1}{y}\right\},\cdots,\left\{\frac{tx_{s-1}}{y}\right\}\right),t=1,\cdots,y$$

来代替

$$\left(\left\{\frac{t}{F_{n+1}}\right\},\left\{\frac{tF_n}{F_{n+1}}\right\}\right),t=1,\cdots,F_{n+1}。$$

这不但可以用于数值积分，而且凡用随机数的地方，都可以试用这点列。

八、统筹方法

教学改革既要帮助学生扩大知识面，还要有促进社会生产发展的作用。以上介绍的优选法的例子既便于普及，又是

改进生产工艺的好方法。另外，质量控制是在出了次品、废品后，不让它们出厂，从而保持本厂产品质量荣誉的方法，但是，与其出了废品后再处理，不如先用优选法找到最好的生产条件而减少废品率。这样，再用质量控制把关也就比较轻而易举了。

在生产中，除了生产工艺的管理问题外，还有生产组织的管理问题。处理这类问题所用的数学方法，我们称之为统筹方法(或统筹学)。

统筹学中也有许多好方法，可以进行普及，仅举几例。

(1)CPM 法

我们开始普及时，为了容易接受起见，而把让工期缩到最短作为目标。但是，一旦大家学会了这个方法，就会懂得去搞投资最少及人力、资源平衡等较为复杂的问题。CPM 是什么，大家都已知道了，我只准备介绍我们是怎样工作的。

我们的第一原则是根据实际工程，使技术人员或工人学会这一方法，步骤是

(i)调查。调查三件事：(a)组成整个工程的各个工序；(b)各工序之间的衔接关系；(c)每道工序所需的时间，要做好这一条，一定要注意依靠生产第一线的工人和技术人员，他们的估计比起上层的技术人员的估计更切合实际。

(ii)依据这些材料,使大家学会画出草图,再教会大家找关键路线的方法,然后大家讨论,献计献策,努力缩短工期,定出计划,画出 CPM 图。

(iii)注意矛盾转化。在工程进行过程中,经常会有提前或延期完成的现象,因此关键路线不会一成不变。我们就要经常注意变化的情况,给有关工段下指示。

(iv)总结。在工程完成后,依照实际的进度重画 CPM 图,这样可以把这次的经验记录下来,作为下次施工的参考。

我们体会到,这一方法宜小更宜大,或者从基层工段做起,逐步汇成整个工程的 CPM 图。或从全局着眼,先拟制一个粗线条的计划,然后由基层单位拟订自己的 CPM 图,再综合起来,大家讨论修改。

(2)序贯分析(sequencing analysis)

如果有若干工程(每个工程各有时间估计,或可用 CPM 估出),可以任意安排先后次序施工,如何安排次序,使总的等待时间最短。

在解决这一问题之前,先讲一个数学问题。

有两组非负数

$$a_1, \cdots, a_n;$$

$$b_1, \cdots, b_n。$$

怎样的次序使

$$\sum_{i=1}^{n} a_i b_i$$

最小,或最大?答案是:“a”与“b”同序时最大,逆序时最小,证明是容易的,从下面最简单的情况,不难推出最一般的结果。

若 $a_1 \leqslant a_2, b_1 \leqslant b_2$,则

$$a_1 b_1 + a_2 b_2 \geqslant a_1 b_2 + a_2 b_1,$$

即$(a_2 - a_1)(b_2 - b_1) \geqslant 0$。一般来说,和中若有一个不同序处,则改之为同序后,和数更大。

再用通俗的话来讲:有一个水龙头,有 n 个容量分别为 $a_1, a_2, \cdots, a_n$ 的水桶,依怎样的次序安排才能使总的等待时间最短?第一桶注满的时间是 a_1,第二桶是 $a_1 + a_2, \cdots$,所以总的等待时间是

$$a_1 + (a_1 + a_2) \cdots + (a_1 + a_2 + \cdots + a_n)$$

$$= n a_1 + (n-1) a_2 + \cdots + 2 a_{n-1} + a_n。$$

它当“a”依 $b_1 = n, b_2 = n-1, \cdots, b_n = 1$ 的反向排列时最小,即

$$a_1 \leqslant a_2 \leqslant \cdots \leqslant a_n。$$

也就是容量小的先灌。

如果有 s 个水龙头,第一个水龙头上的水桶容量次序为

$a_1^{(1)},\cdots,a_m^{(1)}$。第二个是 $a_1^{(2)},\cdots,a_m^{(2)},\cdots$。因此总等待时间是

$$\sum_{j=1}^{s}(ma_1^{(j)}+(m-1)a_2^{(j)}+\cdots+a_m^{(j)})$$

(我们不排除有些 $a_t^{(j)}=0$)。

命
$$b_1=b_2=\cdots=b_s=m,$$
$$b_{s+1}=b_{s+2}=\cdots=b_{2s}=m-1,$$
$$\cdots\cdots$$
便得出结论:仍然是"小桶先灌"。

(3)上面两段初等介绍,使大家对多工程,总安排有了初步认识。然后再向负责组织管理的人提供当前他们所用得着的方法。

(4)另一个可以普及的方法是关于运输调配的图上作业法。有 n 个小麦产地 $a_1,\cdots,a_n$,各生产麦子 $A_1,\cdots,A_n$(吨),要运往 m 个消费点,各需要麦子 $B_1,\cdots,B_m$。要求运输的吨公里数最小。这问题当然可以用线性规划来处理。但我们往往用较简单的图上作业法。这个方法的原则是:利用交通图,消灭对流和迂回。

九、统计方法

(1)经验公式及数学见识的重要性

经验公式往往从许多统计数据归纳而得,具有广博知识

和一定数学修养的科学家很容易看出某个经验公式的意义。举个例子，印度数理统计学家 R. C. Bose 分析了印度稻叶的大量样本，得出一个计算稻叶面积 A 的经验公式

$$A=\frac{长\times宽}{1.2}。$$

我不怀疑此公式的可靠性。一些中国农学家应用相同的公式去估计他们的稻子试验田的产量，我看了他们稻田里叶子的形状后，便立刻指出这公式不适合他们的稻叶。他们采集了一些稻叶样本来测量，果然发现这公式估计的面积比实际稻叶面积大。他们很奇怪，我画了下面的一个图(图 3)向他们解释：

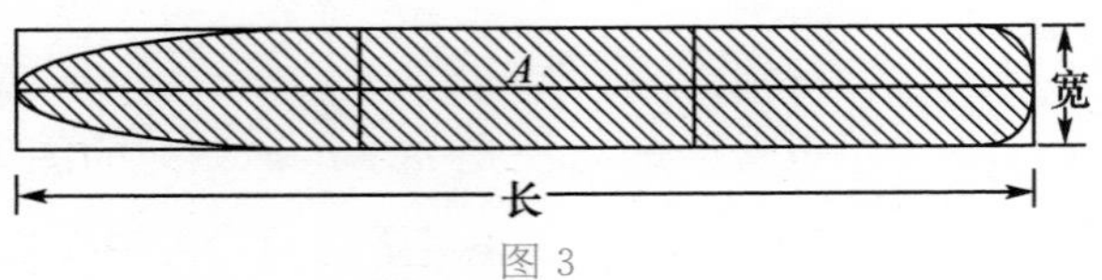

图 3

阴影部分表示叶片的面积。

在这种情形下，长方形面积与 A 的比近似为 6/5 即 1.2。但在他们的试验田里，叶片的形状更为狭长。我又画了另一个图(图 4)：

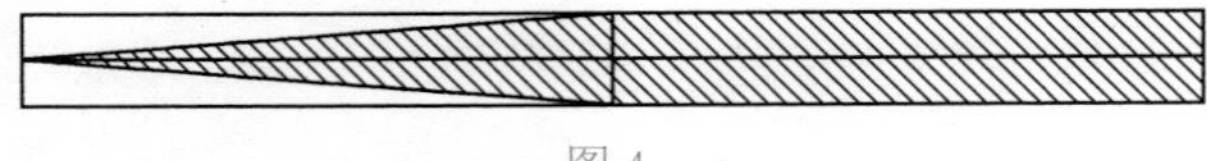

图 4

这时，长方形面积与 A 的比当然大于 1.2 了。很容易解释为什么用 Bose 的公式会高估了他们稻叶的面积。

由此，我们得到了很好的教训：一个经验公式的数学背景是非常重要的。

(2)简便统计

在试验科学中我们常常应用统计方法，当然不能否认，这些方法是重要的。然而，我个人认为某些方法太复杂繁琐，而且很容易被滥用、误用。先举一些例子。

例 1 某一试验独立地重复了 20 次，以 $x_1, \cdots, x_{20}$ 表示观察值。命

$$\overline{x}=(x_1+\cdots+x_{20})/20, \quad (\text{均值})$$

$$s=\sqrt{\sum_{i=1}^{20}(x_i-\overline{x})^2/19}。\quad (\text{标准离差})$$

这时，做试验的人可以声称：观察值落在区间 $(\overline{x}-1.73s/\sqrt{20}, \overline{x}+1.73s/\sqrt{20})$ 的置信概率为 0.9。这样复杂的方法似乎不易为中国的普通工人所理解，此外，基本的 Gauss 假设很可能不成立！

实际上，我倾向于用如下的简便方法。

将观察值排好次序，记为

$$x_{(1)} \leqslant x_{(2)} \leqslant \cdots \leqslant x_{(20)}$$

我们可以如实地说，试验值落在 $\left(\frac{x_{(1)}+x_{(2)}}{2}, \frac{x_{(19)}+x_{(20)}}{2}\right)$ 的

可能性大于 18/20＝90％。

例 2 假如有两种生产方法，每种方法有 5 个观察值，要求检验哪种方法较好。以$\{a_1,\cdots,a_5\}$与$\{b_1,\cdots,b_5\}$分别表示第一法与第二法的观察值。我们可以借助于通常的 student 分布，试一试比较两者的均值。但要知道，用这样一个复杂的办法，要基于一系列的假设，诸如正态性、同离差、独立性等。对于这些东西，普通工人是不容易理解的。

有一个更为可靠的简便方法，它只基于有序样本 $a_{(1)}>a_{(2)}>\cdots>a_{(5)}$ 和 $b_{(1)}>\cdots>b_{(5)}$ 的比较，可能更适于在中国推广。举例说，如果将两组样本混起来比较次序，有

$$a_{(1)}>a_{(2)}>a_{(3)}>a_{(4)}>b_{(1)}>a_{(5)}>b_{(2)}>b_{(3)}>b_{(4)}>b_{(5)}$$

或

$$a_{(1)}>a_{(2)}>a_{(3)}>a_{(4)}>a_{(5)}>b_{(1)}>b_{(2)}>b_{(3)}>b_{(4)}>b_{(5)}$$

我通常伸出两只手、两只大拇指互相交叉（图 5），用以说明前者：

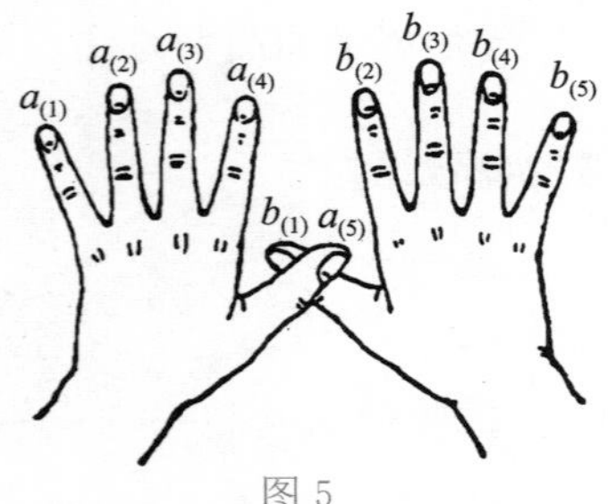

图 5

即使是普通工人也很容易明白：不能说两种生产方法一样好。进一步讲，两组样品有 $5\times5=25$ 种比较关系，除了 $b_{(1)}>a_{(5)}$ 外，“a”都大于“b”。所以“第一种生产方法比第二种好”有 $\frac{24}{25}=96\%$ 的可能性。

（3）PERT

考虑 Program Evaluation Review Technique（PERT）。假如在表示某工程的网络中共有 N 个活动，描述第 i 活动持续时间的基本参数有三个。以 a_j，b_j 和 c_j 表示“乐观时间”、“最可能时间”和“悲观时间”。第 i 个活动的持续时间通常假定是服从 beta 分布[在 (a_j, c_j) 上]，具有平均持续时间 m_j，

$$m_j=(a_j+4b_j+c_j)/6$$

并且有离差

$$(b_i-a_i)^2/36$$

整个工程所需总时间的概率分布是否可用 Gauss 分布来近似？对这个问题仍然有争议。Gauss 分布的前提是中心极限定理（CLT）。“服从 beta 分布”这个假设本身已有争论，即使不计及这点，能否草率地应用 CLT，还很有疑问。

（4）试验的设计

我认为，迄今为止还没有给予非线性设计足够的重视，

过去偏重于线性模型的研究，却掩盖了一个重要的事实：这些模型往往不符合现实。

我们需要不断改进模型，使之更接近现实。当然，我们也懂得任何模型都不是实体，不能指望有一个完全符合现实的模型。

(5)分布的类型

有人一直主张用 Pearson Ⅲ型分布去模拟“特大”洪水间隔时间的分布。在这个问题中，数据本来就少得可怜，因而用Ⅲ型分布是否符合事实？是否明智？都值得怀疑。更不用说从这模型去预测下一次大洪水到来的时间了。

十、数学模型

(1)矩阵的广义逆

考虑 y 关于 $x_1,\cdots,x_p$ 的一般回归模型，

$$y=f(x_1,\cdots,x_p)+e。$$

这里 e 表示随机“误差”项。以 $y^{(i)}$ 表示 y 在 $x_1^{(i)},x_2^{(i)},\cdots,x_p^{(i)}$ 的观察值。若假定 f 是线性的，且有 $n(>p)$ 个观察值，那么

$$y^{(i)}=\sum_{j=1}^{p}\theta_j x_j^{(i)}+e^{(i)},\quad i=1,\cdots,n。\tag{1}$$

估计 $\theta_1,\cdots,\theta_p$ 的一般方法是令 $\sum_{i=1}^{n}[e^{(i)}]^2$ 关于 θ_j 达到最

小值。亦即使 $Q(\underset{\sim}{\theta})=(\underset{\sim}{y}-\underset{\sim}{M}\underset{\sim}{\theta})'(\underset{\sim}{y}-\underset{\sim}{M}\underset{\sim}{\theta})$ 关于 $\underset{\sim}{\theta}$ 达最小值，此处

$$\underset{\sim}{y}=[y^{(1)},\cdots,y^{(n)}]',$$

$$\underset{\sim}{M}=\begin{pmatrix} x_1^{(1)} & x_2^{(1)} & \cdots & x_p^{(1)} \\ \vdots & \vdots & & \vdots \\ x_1^{(n)} & x_2^{(n)} & \cdots & x_p^{(n)} \end{pmatrix}$$

$$\underset{\sim}{\theta}=(\theta_1,\cdots,\theta_p)'。$$

为简单起见，可以假定 $\underset{\sim}{M}$ 是 p 阶的，那么，

$$Q(\underset{\sim}{\theta})=[\underset{\sim}{\theta}-(\underset{\sim}{M}'\underset{\sim}{M})^{-1}\underset{\sim}{M}'\underset{\sim}{y}]'\underset{\sim}{M}'\underset{\sim}{M}[\underset{\sim}{\theta}-(\underset{\sim}{M}'\underset{\sim}{M})^{-1}\underset{\sim}{M}'\underset{\sim}{y}]+ \underset{\sim}{y}'[I-\underset{\sim}{M}(\underset{\sim}{M}'\underset{\sim}{M})^{-1}\underset{\sim}{M}']\underset{\sim}{y}=S_1+S_2,$$

因为 $S_1\geqslant 0$，所以置

$$\underset{\sim}{\theta}=(\underset{\sim}{M}'\underset{\sim}{M})^{-1}\underset{\sim}{M}'\underset{\sim}{y} \tag{2}$$

可使 $Q(\underset{\sim}{\theta})$ 达到最小值，有时候，(2)被看作是方程

$$\underset{\sim}{y}=\underset{\sim}{M}\underset{\sim}{\theta} \tag{3}$$

的广义解。因之 $(\underset{\sim}{M}'\underset{\sim}{M})^{-1}\underset{\sim}{M}'$ 被称作 $\underset{\sim}{M}$ 的广义逆。

当然，如果模型是线性的，那么(2)是正确解。但是，如果将(2)代入方程(3)后，y 的“观察值”和“预测值”之间出现本质上的差异，那么就得放弃线性的假定了。

有许多例子是将本质上非线性的问题当成线性去求解的。广义逆的应用只不过是其中之一，另外一些例子有线性规划、正交设计等。

(2)非负矩阵

因为许多经济学上的变量都是非负的，我认为非负矩阵的理论，很适用于分析经济关系。我也相信，在建立中国经济的数学模型时，这一理论会很起作用。

十一、结　语

如果要我用几句话说明我在最近十五年来推广数学方法中学到了什么？我会毫不犹豫地回答，从中我学会了一个螺旋上升的过程(图 6)：

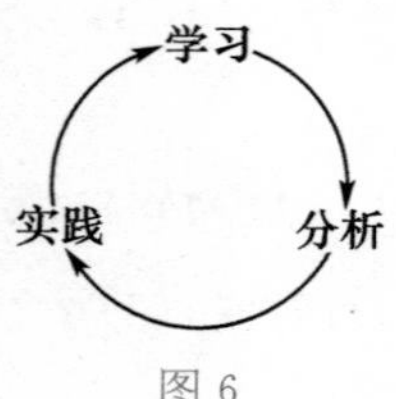

图 6

难忘的回忆[①]

一

那是七十年代初一个深秋时节的夜晚。会客室里两个人在倾谈。在一张方桌的两边，随着谈话的深入，两人越来越凑近到桌子的一个角上。孙儿女们也知趣，提前睡觉去了。

“你可否谈谈这几年来到乌蒙山区，大渡河畔，白山黑水，把数学应用于实际的情况和体会?”客人的诚挚、关心、支持、细致入微的态度感动了我。我觉得有千言万语要讲，但又不知从何说起。

对我自己来说，这曾是做梦都想不到的事。书斋和教室是我的天地，特别是一个单科独进、自学出身的人，数学总算学了一点，而其他学识可以说一无所有。我羡慕那些受过正规教育的人们。数理化，天地生，都有起码的常识。所以对我来说，这是不容易跨出的一步呀！但事实上也不是想象中

---

① 原载于1984年第31期《瞭望周刊》。

的那样困难。因为这是大家共同关心的事，与群众有了共同语言，共同心愿，众擎易举，众志成城，何况还有像今天和我坐在一起促膝谈心，关怀我、鼓励我、支持我、指引我的人呢！不正是他们爬雪山，过草地，靠小米加步枪解放了全中国吗？难道这一点困难，我们就无法克服？难道学术权威的浮名，反而妨碍了为人民服务的宏愿？能力有大小，莫以善小而不为！做一点算一点嘛。

当然这不是我当时所谈的原话，而是当时谈经历时涉及的实际原则。客人在静听着，不时提出问题。我们的心在共鸣，脑在同想，越谈越深。他突然提到了一个问题：今后你的工作打算是什么？我因思虑已久，脱口而出，提出了十二个字："大统筹，广优选，联运输，大平衡。"客人沉默了片时，看得出他在用心思索。"我赞成你的方向和到实际中去找课题的道路。但是你所提到的十二个字，能不能改动一下？其中平衡是暂时的，相对的，一切事物在发展，所以最后三个字可否改一下？"他态度平易近人，用的是商量的口吻，并且从人类社会发展的原则性方面来帮我思考，启发我自己修改自己的提法，这比起听滔滔不绝教育人和简单地批评"头脑僵化"的效果要好多少呀！

当时我真是见树不见林，以为我们国家正遭遇到由于不平衡所造成的损失和困难，眼前的现象蒙蔽了我，因而忘记了不断发展是社会进步的正道。于是，我想到把"大平衡"改为“策发展”是否好些，他点头了。后来在实际中经过反复考验，数学理论深刻推演，也确实证明计划经济中“策发展”比“大平衡”确切得多，积极得多。

夜深了，秋凉如水，可敬的客人留下了理论上的指点，方向性的引导，使我朦胧地认识到科学与社会、与哲学的关系。我送了他一程又一程，但终于赶不上他快捷而安详的步伐，不得不停了下来以目相送。西风紧，霜花浓，不戴帽子，不围围巾，背影在朦胧的月色中消失了。那时虽然林彪之流已经自我爆炸，但还是处于十年浩劫的漩涡之中。他的话使我充满了信心，下定了决心，必须投身到生产实际里去找问题，从发展的角度来思考问题。

二

一九八二年秋。

一间病房，一张病床，一架监护仪在不断传出波状的信号。两位护士聚精会神地不断做记录。病床上躺着一位病人——我。据说负责医生已经向领导报告过病情危急了。看来又是一次心肌梗塞。房门上挂着谢绝探视的牌子，护士们不断轻声地向探视的人们婉言解释，病人需要绝对安静，不能让他知道有客来访。

病人安详地躺在床上，不言不语，似乎是在绝对静养中，但不时地眼开眼闭，似喜似忧。看来反映出病人是静中有动，表面的安静，掩盖不了脑海中的波涛。病人在深思，在探索。

这真是大海捞针吗？有些像。但海是有限的，而思想领域是无穷的。这根针——这一线索已经失去了十多年了，积极寻找已花了两年的精力。原先以为旧路难迷，驾轻就熟，自己想出过的关于把数学方法更有效地用到计划经济中的理论还不是手到拿来。但事情竟出意外。在十二大召开前后，感觉到六十年代日夜钻研上述理论写下的手稿，将有用武之地了。当年题了一句话“三年之病，而求七年之艾”，原想未雨绸缪，为国家做些储备工作。现在看来“三年”前所留下的“艾”用得上了，这是多么高兴的事呀！恨不得一口气就写下来，向党献礼。但事与愿违，竟如茫茫烟海求之不得了！

回忆五十年代后期、六十年代初期，我就对将数学方法应用于计划经济有过一个打算，数学上的蓝图草构已形成了。这一想法还必须在实践中逐步修改、补充和上升。从车间从工段做起，先把基础打好，然后立柱上梁。前面的就是上面所谈到的“大统筹，广优选，联运输”。在这个基础上，最后一步就是“策发展”了，论结构这是屋顶了。

十年浩劫中，一开始就有些“独具只眼”的人看准了这一目标进攻,置党的理论联系实际的指示于不顾。但一些正直的领导不惜冒着被人扣“唯生产力论”大帽子的危险,支持我们前往试点。发展由车间而厂矿而企业而全省全市,使我们能接触千百万的工矿负责同志、工程技术人员和工农大众。经验教导了我们,群众支持了我们,前九个字有了良好的基础。可在那个混乱的年代,后三个字“策发展”从何说起。在混乱中争取得时间,具备了“策发展”的条件了。但三个月过去了。我竟一筹莫展。曾经想出过的理论忘得一干二净。我一生搞研究,只知道发现、发明是困难的,焉知道一个思想被遗忘后,找出来也真不容易。

三

主治医生静静地进来了,了解病情,进行检查。

委婉地问:是不是你最近太累了,因为报上登载你们到两淮煤矿工作做得有成绩,领导表扬了你们;是否你太辛苦了? 不! 两淮工作不是忙,我们共同工作的六十多人,加上本单位的一百多人,他们比我忙多了,日夜不休,并且大家都保护我,尽量使我少工作多休息,小事不烦我。和以往我到各省市去一样,大家团结得很好。虽然来自五个部、七个学会,所有的专家们都精心细致地工作,在这样无倾轧、出成绩的集体里,同时又事隔三个月了,这不致于是病原。医生点点头去了。

当她再来的时候,完全转换了一个讲法。她说:我知道你是一个脑子停不下来的人,与其下“命令”叫你不想,这是不可能的,还不如让你专心一致地想你所认为重要的问题吧!同时,虽然我不懂,但知道你是在思索一个对人民有利的问题。可是你不要轻视你还是个重病人。我们正在用监护装置观察你病情的变化情况,请你服从我们的医嘱,即使好了些,你门上的谢绝探视的牌子我们也不准备摘掉,一直等到你安静地找到思路为止。

这种高明的治疗方法,先解除了我思想上的顾虑,实际上是一帆风顺,从来没有停止过我的工作,在三个月出院的时候,整个思路想出来了。但是其中重要定理的证明,想来想去找不到我六十年代原来的简单而明了的证明。又下决心硬拼,终于找到一个复杂的证明,整个架子总算基本上完成了。

但看来这证明不是我以往的风格,成为美中不足。在一九八三年九月写了七个摘要寄给了《科学通报》。

在我欣然离开医院的时候,我第一次心肌梗塞后出院时的诗篇又出现在耳边:

呼伦贝尔骏马,珠穆朗玛雄鹰,
驰骋原野志千里,翱翔太空意凌云,
一心为人民。

壮士临阵决死，哪管些许伤痕，
向千年老魔攻战，为百代新风斗争，
慷慨掷此身。

四

在原来的理论已经明确之后，我刚好有个出国的机会。六十年代的老东西，经过了二十多年，是否已经变为陈迹了？我可以有机会和国外学者交换看法了。我总是反对“不要班门弄斧”的成语，而应当改为“弄斧必到班门”。这次真是胆虚心怯、诚惶诚恐，我对经济学一无所知，“斧”还不知轻重，就居然要献丑了，但是想到“献丑”总比“藏拙”更有学习机会，因此也就硬着头皮一试了。

此番出国能把我闭户造车所获得的成果和世界上著名经济学流派相比较，使我放了心。他们还没有尝试过这一方法。同时，我的新证明也出来了，居然又是当年“直接法”的风格。

在我正准备向关心我写回忆录的这位可敬的领导同志去信汇报的时候，新华社、《人民日报》转发了《瞭望》周刊登载的胡耀邦同志给我的信件。如今回忆起来，执行他指示中的一条，我整整花了两年时间，幸亏还有了医生及大家帮忙，并接触了许多国外科学家，进行交流，不然我就是做出来了，也会怀疑国外早已有人做出来了。我衷心喜悦我六十年代的东西，虽然事隔二十年，但还没有落后，这是托天之幸。客观地看来，这一结果的诞生也是快到时候了，而我不过先行一步而已。

再回到开始的十二个字，前九个“大统筹，广优选，联运输”可以说是见树不见林的方法，其内容主要是我们推广了二十多年的统筹方法、优选法、线性规律，还有些经过精炼，去粗取精留下的若干老方法，而“策发展”是一门见林不见树的方法。联合在一起得到一整套的处理计划经济的方法（国外有些专家认为这对自由经济也有用）。我对整个过程有个深刻的体会：工作的开始必须扎根于基层，一步一个脚印扩大应用范围，而扎实的理论功夫是把一些感性知识发展到系统认识的必由之路。作歪诗一首以述经验，或有助于不从根上起、只想高里攀的初学之人。

材大难为用辩

（一）

杜甫有诗古柏行，他为大树鸣不平，
我今为之转一语，此树幸得到门庭，
苗长易遭牛羊践，材成难免斧锯侵，
怎得参天二千尺，端赖丞相遗爱深，
树大难用似不妥，大可分小诸器成，
小材充大倾楼宇，大则误国小误身，
为人休轻做小事，小善原是大善根，

自负树大不小就，浮薄轻夸负此身。

（二）

个人要求虽如此，为国必须统筹论，

科学分工尽其用，高瞻远瞩育贤能。

五

人贵有自知之明。古人有一比喻“爱屋及乌”。“屋”就是祖国大厦，而个人仅仅是屋角里的一只楼鸦而已。此非虚语，确有实据。

且说其一，美国科学院院长普雷斯教授破格给我这前一年当选的外籍院士致赞词的时候，在介绍我的科学成就之后他加上一句：“他是一个自学出身的人，但他教了千百万人民。”会场上响起了热烈的掌声。这掌声使我回想到：过去像我这样一个往深里钻、向高处攀的人，象牙塔是我的安乐窝；如果不是党的领导，我是不可能到数以百万计的群众中去的，到生产实践中去的。这是以往科学工作者少有的机会。

我感谢众多人民来信的祝贺。方毅同志也写信鼓励和祝贺：“这是美国科学院一百二十年历史里获得这个荣誉称号的第一个中国科学家。”实际上这是党的声音，鼓励着我向通天塔上再添一块砖，再添一块瓦，一块又一块，一分心力又一分心力。

不但如此,爱国侨胞、台湾同胞、港澳同胞都争先恐后地和我合影留念。一位老侨胞有力的手捧着一盆西洋参,热泪盈眶地对我说:你的光荣是我们大家的光荣,这盆参表示我们希望你长寿,能为祖国多做贡献的心意。

即使有些批评我们工作做得还不够的意见,对我们帮助也是很大的。他们是希望我们好上加好呀!不然还不会批评我们呢。对同情我们在艰苦环境中奋力工作的,我们固然感不尽言,百倍为之;即使不然,科学是真理,不行就不行,我们一定努力赶上那些条件比我们好又在我们前面攀登的朋友。只有团结才能把通天塔造成。

最后只有一句话:“饮水思源。”以此献给启发我们到生产中去搞问题、以主人翁的态度去搞工作的人——那是一位普通的明白人——胡耀邦同志。

呕心沥血为人才[①]

——读《周恩来选集》下卷引起的怀念

我正在病床上躺着，手抖气促。可是，当我接到《周恩来选集》下卷的时候，就不顾病体贪婪地读着，越读越引起我对周总理的怀念，我不停地回忆往事，直至深夜，我觉得非写篇体会不可。我写了两稿，但字迹难认，誊抄的同志拿来问我，有的字连我自己也认不出来了。无已，以意会意，请人把我的内心的感受记下来，但总觉意犹未尽……本来嘛，对周总理的爱戴和体会是哪能用笔墨写得尽的！

从理论联系实际谈起

我先从理论联系实际谈起。我是一个自学出身、单科独进的人，除了数学中若干分支之外，其他知之甚少。这就是一九五〇年从美国回来时我的知识的实际情况。

回国后不久，我学习了周总理在全国高等教育会议上的

---

① 原载于1985年1月7日《经济日报》。

讲话。其中有些段落，至今铭记犹新："学习理论需要反复实践，才能掌握得更准确，领会得更深刻。所以，忽视实践的一面，或者把实践和理论对立起来，都是不对的。""通才也好，专才也好，都需要理论与实际联系。"(《周恩来选集》下卷，第十八页)周总理的这些教诲，针对我当时的实际思想和情况，促使我去改变习惯的考虑问题的方法。那时，领导上要我负责数学所的重建工作。解放前夕搬到台湾去的数学所仅有理论数学的几个专业。我们重建新所时，在大家的帮助下，除基本理论数学学科外，还设立了边缘学科，如：数理逻辑、力学、数学物理、计算及计算机等。那时的设想是一环套一环，但是否真是一环紧扣一环，其终极是否对国民经济有利，就很少考虑了。周总理说："我们的大学是要学习理论的，但是我们所要学习的是经过实践检验了的理论，目的是要用它进一步指导实践，更好地为人民服务。"(同上书)我们当时的思想，离开周总理提出的理论和实践真正相联系的要求，还有一段距离。

一九五八年的"大跃进"，使当时的国民经济出现了比例失调，这种状况沉重地震撼了我的心。一个热爱祖国的科学工作者，怎能无视祖国的国民经济比例失调的现实呢！学数学的我面对这种状况又能做些什么呢？数学方法能不能用到国民经济中去呢？

始之以参观访问，继之以蹲点试验，在已有的深入基础上，再在浅出上下功夫。一“论”(即“计划经济大范围最优化的数学理论”)、双“法”(即“统筹方法”和“优选法”)相继写成；尤其是“统筹方法”和“优选法”都写出了“平话”，使群众能听得懂，学得会，用得上。这些，都是我在数学方面进行理论联系实际的尝试。科学家最重要的素质是求实精神，而“双法”是从几十种方法中根据我国的实际情况，通过去其装潢，删其枝节，反复比较，重其实效而筛选出来的。没有周总理“做实事，收实效”的指导思想，是搞不出来“双法”的。二十多年来，群众推广应用“双法”的成绩，是告慰于人民的好总理的英灵的一瓣心香。

对我的关心、鼓励和支持

我永远不能忘记周总理几十年来对我的关心、鼓励和支持，尤其值得怀念的是“文化大革命”中最艰难的一九七〇年。当时，周总理身处逆境，又万务丛集，但他却不顾个人的安危和病体，仍然细微地、尽力地保护我，安排我的生活，关心我们把数学方法用于经济建设的工作。记得是一个星期六的晚上，国务院的两位同志奉命向我传达了周总理一九七〇年三月四日的批示：

首先，应给华罗庚以保护，防止坏人害他。

次之，应追查他的手稿被盗线索，力求破案。

再次，科学院数学所封存他的文物，请西尧查清，有无被盗痕迹，并考虑在有保证的情况下，发还他。

第四，华的生活已不适合再随科大去“五七”干校或迁外地，最好以人大常委身份留他住京，试验他所主张的数学统筹方法。

此事请你们三位办好后告我。(《周恩来选集》下卷，第四五五页)

我听了批示的传达后，心情激动得难以言状。我只好以汇报我们为国民经济服务的工作情况来表达我对周总理的崇敬之情。国务院的两位同志听了我的汇报后，告诉我说，明天是星期天，希望我在星期一上午国务院各部委负责人的会议上介绍统筹方法。我深怀感谢心情在星期一讲了统筹方法。有位同志说，你还有优选法为什么不也给大家讲一下呢？于是，我就第一次向领导汇报了优选法。同年夏天，经周总理批准，我们师徒三人到了上海推广统筹法，搞试点，同时，我们还应用优选法，得出了一批成效显著的成果。于是，王洪文的把兄弟越发“敬重”我们了，把我从和平饭店迁到警卫森严的延安饭店，切断了我们与群众的接触，使我们无法进行工作。当时我和彭冲同志在电话中谈到此事时，他马上表示欢迎我们去江苏工作，也受到他们的拦阻。最后，还是刘西尧同志到上海我们工作过的现场了解情况，肯定了我们的成绩，告诉他们说我有病在身，应该回京治疗，这样，才得脱身。

回到北京后，我们又继续对“双法”进行试点和应用，不断扩大行业面，效果越来越好。国务院听到汇报后，很快又在国务院礼堂召开会议，请各部委负责人参加，邀我和各厂的同志专门介绍推广“双法”的成果。这样一来，普及推广“双法”的消息传遍了全国，各地纷纷邀请我们去工作。这样，我们的推广普及“双法”小分队才能在动乱的十年中，走遍二十多个省、市、自治区，到成千个厂、矿、农村、部队和医院，给成百万工农兵群众传授“双法”，为把国民经济搞上去尽心尽力。

为科学工作者创造环境，让他们发挥作用，是一件极为重要的事。周总理最理解科学工作者的心情和疾苦，为科学家造就了深入实践的机会。在十年动乱中，要是没有总理及时的批示，我可能不是离开了人世，就是无所作为了。当时，我能和大家在一起，做出一些成绩都应该归功于周总理的关怀。

走到实践中去之后，也不是一帆风顺的。有些人在说“华罗庚现在只搞实际，不搞理论了”！这又是把理论和实践对立起来的说法。实际上，我真和理论脱离了吗？如果真是这样，那么在十年浩劫之后，我访问英、法、德、美诸国，拿什么去对人讲，并向人请教呢？我之所以能在国外的同行面前讲出十四个方面的问题，恰恰说明我们在从事推广应用数学的同时，从未间断理论研究工作，并且积累了不少尚待发表的成果。我之所以能这样做，也是和周总理的一贯教导分不开的。对科学工作者来说，喜欢的是日新月异的创造发明，而不是停滞不前吃老本。当这些在逆境中取得的成果与外国人见面的时候，使他们惊讶不已，给他们留下了深刻的印象。

周总理批示中所提及的被窃手稿一事，至今还未破案。这正和我想起的一件事形成了鲜明的对比。在我访问美国加州理工学院时，有一位著名的老教授将他珍藏的一九三九年和一九四〇年我写给他的两封信拿给我看，并说："你的原信不能拿走，但是可以复制一份带回去。"对比之下，窃取我的手稿的人难道不脸红吗？不执行周总理指示的人，难道不觉得自愧吗？他们知道什么叫尊重知识！当时，我的手稿中与国民经济有关的部分全被盗窃光了。这就是前面提到的一"论"中的内容。当然现在不仅回忆出来了，而且有了新的发展，此"论"的摘要以《计划经济大范围最优化的数学理论》为题从一九八四年第十二期开始陆续在《科学通报》刊登。这些手稿写于六十年代，被窃于七十年代，复原和发展于八十年代，时间已过去了二十多年之久，复原和发展花费了我三年的心血，但这是我进入古稀之年后的三年呀！

一九八四年七月九日，我访美归来后，先后到了长沙、哈尔滨、呼和浩特和大庆。我看到了十一届三中全会以来祖国发展的大好形势和广阔前景。有不少省、市、自治区聘请我为科学技术（或经济科技）总顾问，我深感自己无论是知识、能力、年龄和身体都难以胜任。对我来说，应该终身在“实”字上下功夫，所以对这些桂冠，只能领会这是我们这个时代尊重知识、尊重人才的一个例证，也是对我们以往工作的肯定。

由于疲劳和紧张，我从大庆回来后即住进了医院，医生劝我少激动。但是，当我读到《周恩来选集》下卷的时候，激动的心情久久不能平静，宏文篇篇，跃入眼帘，有方针，有政策、有目的、又有措施，还有着循循善诱的教导，现在读起来依然使人耳目一新，深受启发。当看到劫难之时的件件批示，更是不能自已，这些刺向“四人帮”的利剑，审判他们的证词，正是人民的好总理爱护科学家、老干部，为国家的前途，为共产主义事业献身的崇高精神的体现，正是无产阶级革命家的赤胆忠心的表露。我们千千万万的科学工作者钦佩人民的好总理的远见卓识和宽阔胸怀！

敬爱的周总理，中华儿女永远怀念你！

要培养大批有真才实学的人[①]

在我国，一定要形成一种尊重知识，重视人才的风尚，一定要培养和造就大批有真才实学的人。为什么？尊重知识，重视人才，培养有真才实学的人，这一切的本身并不是我们的目的，我们的目的是建设四个现代化。但对于为了达到这个目的我们必须培养和造就大批具有真才实学的人这个道理，许多人在认识上还不是很明确的。真才实学就是科学的知识和本领，对它的作用我们绝不可小看。在建设葛洲坝时，张光斗提出，要把一块大礁石炸掉，这个建议被采纳了，结果，大坝建得很好，经住了洪水的考验。如果仅从炸礁石来写文章，文章不好写，也不能得奖，但这一做法的作用很大。孙中山先生家用的机器坏了，请人来修，一分钟就修好了。修理工要五十元零一角。孙中山先生说：一分钟就要这么多钱？修理工回答说：修理一分钟只要一角钱；但知识要五十元。这就是知识的作用。

尊重知识，必然尊重人才，求贤若渴。美国加州大学的

① 原文发表于1985年1月。

副校长，是位有名的物理学家，他多次写信聘请摩根来校任教。摩根为了拒绝他的聘请，提出了非常苛刻的条件。但这位副校长竟出人意料地全部接受了摩根的条件。果然，摩根是有建树的，他在该校期间创立了遗传工程。苏联对有重大贡献的科学家、艺术家如著名飞机设计师图格列夫、宇航员加加林、芭蕾舞大师乌兰诺娃等实行重奖政策。美国能网罗世界上最优秀的科学家，说明他们的人才政策是对头的。

重视人才绝不等于重视文凭，而是重视才能，即重视研究问题、解决问题的实际能力，文凭只能作参考。我二十八岁任西南联大教授，三十八岁成为美国的教授，但我并没有博士头衔，是我国学部委员中唯一没有博士头衔的。爱迪生、法拉第也都不是博士。所以，不能只重文凭。我们的教育一定要讲求实效，使学生真正具有真才实学，做到博学多能。美国人对中国学生的评价是：考试成绩很好，但研究能力差。张光斗同志说：有很多工程科学学位论文是第三流的数学文章。因为学生没有实际经验，只能用数学分析来凑数。要给学生以更多的自由，让他们独立思考。要达到博学多能必须培养灵活的思考能力。考试出不要思考的题，固然不是选拔人才的好方法，但是，考试出偏题对培养学生有什么用呢？还有一个更重要的提高就是由博到约，光博而不约就成了字典和图书馆。从博到约是很困难的事。我提倡的统筹优选法，就是经过长时间的思考，从浩如烟海的文献中由博到约。

因此,我们的治学之道应该是“宽、专、漫”。所谓“宽、专、漫”,就是:基础要宽,然后对其专业要专,并且还要使自己的专业知识漫到其他领域。这就需要搞研究,教育一定要与研究相结合。在美国,没有一个教授是只教书不搞研究的,也没有一个是只搞研究不教书的;大夫看病也要搞研究,搞事务工作的也要搞研究。我们也要提倡多研究问题,这对我们的生产事业、教育事业和科学事业的影响将是不可估量的。

培养大批有真才实学的人,我们的教育体制也要改。现在我们的教育体制的弊端是分流不够,只有一条路:小学、中学、大学、研究生。因此,拥挤不堪。这里有科举制的影响。在封建社会,青年成名三部曲:秀才、举人、进士。这种科举制,只有少数人能上去,多数人只落得悲惨的下场,像孔乙己、范进中了举人,高兴得都疯了。古人说:一登龙门身价十倍。我们要建立新的教育体制,要让它行行出状元,各行各业都有前途,都有奔头,要形成:龙门之下沃野千里。一句话,科学教育要分流,要从实,要培养造就大批有真才实学的人。

数学高端科普出版书目

数学家思想文库	
书　名	作　者
创造自主的数学研究	华罗庚著;李文林编订
做好的数学	陈省身著;张奠宙,王善平编
埃尔朗根纲领——关于现代几何学研究的比较考察	[德]F. 克莱因著;何绍庚,郭书春译
我是怎么成为数学家的	[俄]柯尔莫戈洛夫著;姚芳,刘岩瑜,吴帆编译
诗魂数学家的沉思——赫尔曼·外尔论数学文化	[德]赫尔曼·外尔著;袁向东等编译
数学问题——希尔伯特在1900年国际数学家大会上的演讲	[德]D. 希尔伯特著;李文林,袁向东编译
数学在科学和社会中的作用	[美]冯·诺伊曼著;程钊,王丽霞,杨静编译
一个数学家的辩白	[英]G. H. 哈代著;李文林,戴宗铎,高嵘编译
数学的统一性——阿蒂亚的数学观	[英]M. F. 阿蒂亚著;袁向东等编译
数学的建筑	[法]布尔巴基著;胡作玄编译

数学科学文化理念传播丛书·第一辑	
书　名	作　者
数学的本性	[美]莫里兹编著;朱剑英编译
无穷的玩艺——数学的探索与旅行	[匈]罗兹·佩特著;朱梧槚,袁相碗,郑毓信译
康托尔的无穷的数学和哲学	[美]周·道本著;郑毓信,刘晓力编译
数学领域中的发明心理学	[法]阿达玛著;陈植荫,肖奚安译
混沌与均衡纵横谈	梁美灵,王则柯著
数学方法溯源	欧阳绛著

书　名	作　者
数学中的美学方法	徐本顺,殷启正著
中国古代数学思想	孙宏安著
数学证明是怎样的一项数学活动?	萧文强著
数学中的矛盾转换法	徐利治,郑毓信著
数学与智力游戏	倪进,朱明书著
化归与归纳·类比·联想	史久一,朱梧槚著

数学科学文化理念传播丛书·第二辑

书　名	作　者
数学与教育	丁石孙,张祖贵著
数学与文化	齐民友著
数学与思维	徐利治,王前著
数学与经济	史树中著
数学与创造	张楚廷著
数学与哲学	张景中著
数学与社会	胡作玄著

走向数学丛书

书　名	作　者
有限域及其应用	冯克勤,廖群英著
凸性	史树中著
同伦方法纵横谈	王则柯著
绳圈的数学	姜伯驹著
拉姆塞理论——入门和故事	李乔,李雨生著
复数、复函数及其应用	张顺燕著
数学模型选谈	华罗庚,王元著
极小曲面	陈维桓著
波利亚计数定理	萧文强著
椭圆曲线	颜松远著